ジェットソンナノ

Jetson Nano

でNanoはじめるエッジAI入門

坂本俊之 著

JN062078

C&R研究所

▌▌PROLOGUE

　近年のAI関連技術の進歩により、AIの応用シーンはますます多彩なものになりつつあります。特に、遠隔のクラウド上で実行されるAIと対比して、実際に利用される現場（＝エッジ）で動作するAIは、「エッジAI」と呼ばれ、さまざまな分野で利用が広がっています。

　エッジAIのメリットとしては、データを取得する現場で動作するレスポンス性や通信環境に依存しない安定性、さらにセキュリティ面など、さまざまなものがあるのですが、同時にデメリットとして、限られたコンピューティングパワーで実行しなければならない制限からくる、速度の問題などが挙げられます。

　特に、エッジAIの中でも、PCをベースとした高性能なマシンを現場に持ち込むのではなしに、実際の製品に近い組み込みボード上で動作するAIは、さまざまな制限下で動作しなければなりません。また、そのようなエッジAIの開発では、機械学習モデルの実行だけではなく、組み込みボードに接続する各種のハードウェアや、時には電気信号を送受信するI/Oポートそのものを制御する必要が生じます。そのため、エッジAIの開発には、機械学習に関する開発能力と共に、組み込み開発に関する能力も求められます。

　機械学習に関する開発は、Pythonなどの高等言語を使い、ソフトウェアの側を中心とした、ある意味高度に抽象化された環境での作業となります。一方の組み込み開発は、ハードウェアの実際の接続や配置、時には電子工作による回路設計も行わなければならない、物理的な作業となります。そうした、異なる要素を同時に扱わなければならない点に、エッジAI開発の難しさがあるのです。

　本書では、エッジAI開発の実際を学んでもらうために、NVIDIA社の「Jetson Nano」という製品を使用して、組み込みボード上で動作するAIと、AIを使用したさまざまなアプリケーションを作成します。

　Jetson Nanoは小型のシングルボードコンピュータですが、NVIDIA社のGPU製品と同じCUDAコアによるアクセラレーターが搭載されており、AIの実行に必要なだけのコンピューティングパワーを提供してくれます。また、UbuntuをベースとしたLinux OSが動作するので、Python言語を含めたAIの実行に必要な環境を、容易に構築できます。

エッジAIは、機械学習モデルを用意するだけで完成するものではなく、ハードウェアの製作やI/O制御も含めた、組み込み機器全体が完成してはじめて、エッジAIとして機能できます。AI開発であり組み込み開発でもあるという、エッジAI開発の本質を学ぶために、本書では、それぞれの章でテーマを設けて、独立して動作するエッジAI機器を作成していきます。

機械学習エンジニア、組み込みエンジニア、それぞれ普段はお互いなじみの薄い、遠い分野に属しているかもしれませんが、エッジAI開発という状況では、両方の分野を跨いで知識を得る必要があります。

本書を通じて、機械学習開発と組み込み開発を同時に行う、エッジAI開発の実際について学んでいただければと思います。

2020年8月

坂本俊之

本書について

本書の対象読者について

本書では、プログラミング言語「Python」の基礎知識がある読者を対象にしています。Pythonの基礎知識については説明を割愛しています。ご了承ください。

また、電子工作を行う上で、半田付けができることを前提としています。半田付けの基本などについても説明を割愛していますので、ご了承ください。

本書の動作環境について

本書では、下記の環境で執筆および動作確認を行っています。

- Jetson Nano
- 64GB microSDカード
- OSイメージバージョンr32.3.1

サンプルコードの中の▼について

本書に記載したサンプルコードは、誌面の都合上、1つのサンプルコードがページをまたがって記載されていることがあります。その場合は▼の記号で、1つのコードであることを表しています。

サンプルファイルのダウンロードについて

本書で紹介しているサンプルデータは、C&R研究所のホームページからダウンロードすることができます。本書のサンプルを入手するには、次のように操作します。

❶ 「http://www.c-r.com/」にアクセスします。

❷ トップページ左上の「商品検索」欄に「316-4」と入力し、[検索]ボタンをクリックします。

❸ 検索結果が表示されるので、本書の書名のリンクをクリックします。

❹ 書籍詳細ページが表示されるので、[サンプルデータダウンロード]ボタンをクリックします。

❺ 下記の「ユーザー名」と「パスワード」を入力し、ダウンロードページにアクセスします。

❻ 「サンプルデータ」のリンク先のファイルをダウンロードし、保存します。

サンプルのダウンロードに必要な
ユーザー名とパスワード

| ユーザー名 | jetn |
| パスワード | s5m7 |

※ユーザー名・パスワードは、半角英数字で入力してください。また、「J」と「j」や「K」と「k」などの大文字と小文字の違いもありますので、よく確認して入力してください。

サンプルファイルの利用方法について

サンプルはZIP形式で圧縮してありますので、解凍してお使いください。サンプルの実行方法については48〜53ページを参照してください。

CONTENTS

■CHAPTER 03

ペット用自動ドアの作成

■CHAPTER 04

AI車載カメラの作成

■CHAPTER 07

画像を自動生成するデジタルフォトフレーム

■CHAPTER 08

自分で作曲してくれるスマートスピーカー

CHAPTER 01

Jetson Nanoを
セットアップする

Jetson Nanoのセットアップ

⊙ Jetson Nanoとは

　Jetson Nanoとは、NVIDIA社が発売しているシングルボードコンピュータの名前です。同社は、エッジAI向けにJetsonシリーズというシングルボードコンピュータを発売していますが、Jetson Nanoはその中の最も小さなモデルとなります。

　近年のAIブームの結果、リアルタイムでデータを解析し、AIが判断するシステムのニーズが高まっています。

　しかし、ニューラルネットワークを使用するAIは、その学習（トレーニング）時のみならず、実行（推論）時にも、多くの計算資源を必要とするため、従来の組み込み用途で使用されるシングルボードコンピュータでは、なかなか実装が難しいという問題がありました。

　通常、そのようなニューラルネットワークの実行には、GPUをベースとしたアクセラレータが必要となるのですが、GPUを組み込みコンピュータに搭載するためには、サイズや消費電力などの問題があります。

　また、デバイス上ではなくクラウド上のサーバーで推論を実行するには、インターネット回線が必要となる、データのやり取りに時間がかかる、という問題があり、組み込み用途でAIを利用するには、高いハードルが存在したのです。

　そこで、たとえば車載カメラのように、安定的なインターネット接続が望めない環境に置かれたり、センサーネットワークのように、コストや消費電力に制限が存在する中でAIを実行するために、NVIDIAが提供したソリューションが、GPUをベースとしたCUDAコアをアクセラレータとして搭載するシングルボードコンピュータである、Jetsonシリーズというわけです。

◆ Jetson Nanoの特徴

　前述のようにJetson Nanoは、NVIDIAのシングルボードコンピュータ製品であるJetsonシリーズの一員です。

　Jetson Nanoはその名の通り、Jetsonシリーズの中では最も小さなモデルであり、本体の基盤は7センチ×4.5センチのサイズしかありません。そのため、さまざまな組み込み用途で、メインボードとして利用することができます。

⊙ Jetson Nanoのスペック

項目	スペック
CPU	ARM Cortex-A57 クアッドコア
メモリ	4GB
外部ストレージ	microSDカードスロット
アクセラレータ	128 CUDA Core（Maxwell）
サイズ	69.6mm×45mm

Jetson Nanoの最も大きな特徴は、何といっても128個のCUDAコアからなる機械学習用アクセラレータを搭載している点でしょう。CUDAコアというのは、NVIDIAのGPUや機械学習用アクセラレータのベースとなっているアーキテクチャです。

そして、Jetson Nanoに搭載されているCUDAコアと、最新GPUに搭載されているCUDAコアは本質的には同じものであり、性能の差などを規定する主な差異は、搭載されているコアの数です。

CUDAコアを搭載されているNVIDIAのGPUが、機械学習などの用途で広く利用されているのは、LinuxなどのOSからCUDAドライバを通じて、並列計算を行うアクセラレータとして利用できるようになっているためです。

Jetson Nanoも同様にCUDAドライバが提供されており、通常のGPUサーバーにおけるGPUボードと同じように、機械学習などの用途で利用できます。このことは、通常のAI開発におけるライブラリやパッケージがそのまま使えるという利点をもたらします。

さらに、通常のAI開発と同じライブラリを使うことで、高性能なGPUサーバー上で学習させたモデルを、そのままJetson Nano上で推論に利用する、ということもできます。

●CUDAコアの数と性能

製品名	CUDAコアの数	性能（単精度）	世代
Tesla V100	5120	15.7TFLOPs	Volta
RTX 2080Ti	4352	13.4TFLOPs	Turing
Jetson TX2	256	1TFLOPs	Pascal
Jetson Nano	128	472GFLOPs	Maxwell

上記の表は、最新のGPU製品と、Jetsonシリーズの搭載しているコア数、および単精度浮動小数点演算換算での論理性能です。

Jetson NanoのCUDAアクセラレータは、Maxwell世代となっていますが、これは発売時期から考えて、古いGPUを搭載しているというよりも、CUDAコアの数が上位機種に比べて削減され、128個になっているためだと思われます。

Maxwellアーキテクチャでは128基のCUDAコアで1つのSMM（Maxwell Streaming Multi processor）を構成しますが、Jetson Nanoにはちょうど1つ分のSMMが搭載されているわけです。

新しい世代のGPUには、よりたくさんのCUDAコアを効率的に動作させる仕組みが取り入れられていますが、搭載するCUDAコアの数が128個と制限されているのであれば、MaxwellアーキテクチャのSMMを使う方がおそらく効率が良かったのでしょう。そのことは、1CUDAコアあたりのFLOPsで見ると、Jetson Nanoの性能は、新しい世代のGPUと比べてもまったく遜色ないことからも理解できます。

また、Jetson Nanoには、外部接続のためのコネクタなどを搭載した開発者キットが用意されており、通常のPCと同様にディスプレイやキーボードを接続して開発を行うことができます。

●Jetson Nano開発者キットのスペック

項目	スペック
USB3.0	4ポート
USB2.0 Micro-B	1ポート
電源	ACアダプタジャック
ネットワーク	ギガビットイーサネット
外部ストレージ	HDMI、eDP
アクセラレータ	MIPI CSI-2
外部I/Oポート	GPIO、I2C、I2S、SPI、UART

　本書では、この開発者キットのI/Oを使用して、外部の電子回路とJetson Nanoを接続します。また、Jetson NanoにおけるAIの開発も、Jetson Nanoそのものの上で行っています。

　つまり、本書では、工作が出来上がった後には、Jetson Nanoを組み込みボードとして利用する一方で、開発するときにはJetson Nanoを通常のパソコンのように利用して、Jetson Nano上にインストールしたソフトウェアの上で開発を行います。

● 本書の構成

　Jetson Nanoには、CUDAアクセラレータを搭載したエッジAI向けコンピュータという特徴と、小型の組み込みボードという2つの特徴があります。本書でも、その両面を生かすため、Jetson Nano上での機械学習プログラムの開発と、組み込み用途での開発の両方をテーマにしています。

　そして、AI開発は主にソフトウェアの作成が、組み込み用途での開発は主にハードウェアの作成がテーマとなります。そのため、本書で紹介する内容は、ソフトウェアの作成をメインにした章と、ハードウェアの作成をメインにした章とがあります。

　たとえば、CHAPTER 02で紹介するTwitterボットはソフトウェアの作成をテーマにしています。しかし、その次のCHAPTER 03では、自動ドアの作成というハードウェアの作成がテーマになり、AI部分はCHAPTER 02で作成したAIをそのまま利用します。

●本書の構成

章	テーマ	内容
CHAPTER 02	ニューラルネットワークの学習（ソフト）	カメラ監視Twitterボット
CHAPTER 03	モーターを使った動く工作（ハード）	ペット用自動ドア
CHAPTER 04	物体検出AIの利用（ソフト）	車載映像の読み上げ
CHAPTER 05	顔認識AIの利用（ソフト&ハード）	人の顔を覚えるロボット
CHAPTER 06	センサーモジュールの利用（ハード）	感知器官を備えたロボット
CHAPTER 07	画像生成AI（ソフト）	デジタルフォトフレーム
CHAPTER 08	音声認識と音楽生成AI（ソフト）	スマートスピーカー

◉Jetson Nanoの動作に必要な環境

前述のように、本書では、ソフトウェアの開発と、ハードウェアの開発の両方を紹介します。そのため、本書の内容を同じく実現するには、ソフトウェア側の開発環境と、ハードウェア側の開発環境の両方が必要になります。

◆ 必要な開発環境

本章では、AIに必要なニューラルネットワークの学習なども、すべてJetson Nano上で行います。そのため、Jetson Nano以外に学習用のGPUサーバーなどは必要としません。その代わりに、Jetson Nanoで開発を行うための周辺機器が必要になります。

具体的には、Jetson NanoをPCとして利用するための、ディスプレイとキーボード、マウスなどが必要となります。

また、本書で開発するコードでは、学習済みのモデルなどをインターネットからダウンロードして利用する必要もあるので、Jetson Nanoにつなぐことができるインターネット回線が必須となります。

●Jetson Nanoにディスプレイとキーボードを接続

15

◆microSDカード

　Jetson Nanoでは、外部ストレージとしてmicroSDカードを利用します。そして、Jetson Nanoを起動する際にも、そのmicroSDカード上からOSを読み込んで実行します。そのため、Jetson Nanoを利用するためには、microSDカードが必須となります。

　microSDカードの容量は、Jetson Nanoを起動するだけであれば、最低16GBあれば足ります。しかし、開発したプログラムやAIで利用するニューラルネットワークのモデルを保存するために、ある程度の容量があるmicroSDカードを用意した方が望ましいでしょう。

　本書では、64GB、クラス10のmicroSDカードを用意しました。

　また、microSDカードへJetson Nano用のOSをインストールする際に、microSDカードをマウントできるPCが必要になります。必要となるPCは、Windows、macOS、あるいはLinuxいずれかのOSを搭載しているもので、microSDカードをマウントするために、USBアダプタなども必要となります。

　本書では、一度、OSをインストールした後は、ソフトウェア側の開発も含めてJetson Nano上で行うので、OSのインストール後は、PCは不要となります。

◆電源

　Jetson Nanoは、CPUの他にCUDAアクセラレータを搭載しているため、このサイズのシングルボードコンピュータとしては電源に対する要求が大きいです。

　Jetson Nanoの電源は、USB Micro-Bポートか、ACアダプタジャックのどちらかから供給します。どちらの場合も、AC5Vの電源が必要となりますが、単体のJetson Nanoを動作させるためだけで、2Aの電流を供給できるACアダプタが必要となります。さらに、Jetson Nanoに外部機器を接続する場合は、その機器に対する電力を供給できる必要があるので、注意が必要です。

　Jetson Nanoに接続する機器のうち、比較的大きな電力を必要とするものは、カメラモジュールです。USB Micro-Bポートから電力を供給する場合は、コネクタの仕様上2.1Aが限界なので、カメラモジュールを使用する場合にはACアダプタを利用する必要があります。本書でも、カメラモジュールを接続する場合には、5V/4Aを出力できるACアダプタを利用します。

●ACアダプタ

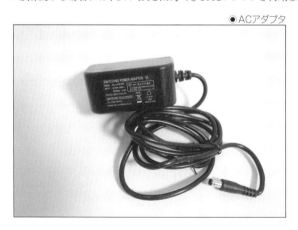

　ACアダプタジャックからJetson Nanoに給電する場合は、Jetson Nano上のジャンパコネク
タにジャンパピン（ショートピン）を接続する必要があります。そのため、ACアダプタの他に、ジャ
ンパピンが必要となります。

●ショートピンを接続するジャンパコネクタ（J48と印字がある）

●ショートピンを接続したところ

17

CHAPTER
01
Jetson Nanoをセットアップする

◆ ネットワークインターフェイス

　Jetson Nanoの開発者キットには、ギガビットイーサネットのポートがあるので、有線でインターネットに接続する場合は特に問題はないでしょう。

　しかし、Jetson Nanoを無線LAN経由でインターネットに接続する場合、利用するインターフェイスによっては問題が発生します。Jetson Nanoの開発者キットにあるポートで、無線LANインターフェイスを接続できるポートといえば、まずUSB3.0ポートが上げられます。

　しかし、多くのUSB-無線LANインターフェイス製品は、Jetson Nano上で十分に高速に動作することができません。というのも、Jetson NanoにはARM Cortex-A57がCPUとして搭載されているのですが、ARM系のCPU向けにコンパイルされたLinux上で動作するドライバを提供している、USB-無線LANインターフェイス製品がほとんどないためです。

　そのため、そうした製品を接続すると、オープンソースで利用できる一般的なドライバで動作することになるのですが、その場合、ドライバの制限から、製品の上限速度で通信を行うことは難しくなってしまいます。

　特に、802.11ac 4x4 MU-MIMOなどといった、新しい規格の高速通信を利用することは難しく、現代の高速なインターネット回線から見ると、無線LANインターフェイスがボトルネックになって通信速度が制限されてしまいます。

　そのため、インターネット回線が無線LANで提供されている場合、高速な通信のためには、開発者キットにあるUSB3.0ポートではなく、無線LANブリッジを利用して有線LAN経由で、インターネットに接続する必要があります。

　筆者は、開発時には「TP-link RE650」という無線LAN中継器を使用して、802.11ac 4x4 MU-MIMOで光回線に接続しました。4x4 MU-MIMOの最大速度は1733Mbpsですが、有線の部分がギガビットイーサネットのため、通信可能な速度は1000Mbps程度に抑えられます。しかし、現状ではこの構成が、Jetson Nanoにおけるインターネット接続の最も高速な回線となるようです。

●TP-link RE650を接続したところ

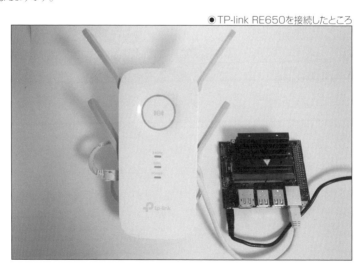

また、組み込み用途で使用する状態で、かつ通信速度が必要な場合、おすすめなのはWiMAX回線を利用することです。例として「Speed WiFi NEXT W06」のようなWiMAXルーターは、USBで接続すると(無線LANインターフェイスではなく)通常のネットワークインターフェイスとして認識されるので、WiMAXの最大速度の220Mbpsで通信することができます。

●Speed WiFi NEXT W06を接続したところ

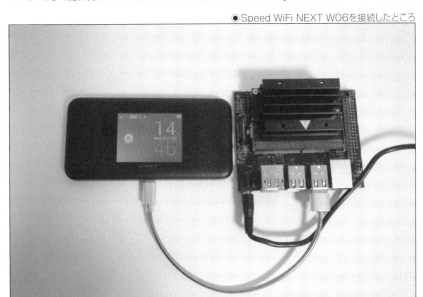

◆ M.2規格の無線LANインターフェイス

その他にも、Jetson Nano開発者キットにあるM.2(NGFF)コネクタも、無線LANインターフェイスを接続するためのI/Oとして使用することができます。

M.2(NGFF)コネクタに接続するタイプの無線LANインターフェイスで、Jetson Nanoでの動作確認が取れているものとしては、Intel 8265NGWという製品があります。アンテナを2本接続する必要がありますが、Intel 8265NGWは802.11ac 2x2 MU-MIMOに対応しているので、最大で867Mbpsでの通信が可能です。また、Bluetoothモジュールも搭載しているので、Bluetooth接続も利用できるようになります。

Intel 8265NGWを接続するためのM.2(NGFF)コネクタは、Jetson Nano開発者キットの、Jetson Nano本体の下に位置する場所にあるので、取り付けには、まず最初にJetson Nano本体を開発者キットから取り外さなければなりません。

Jetson Nano本体を固定しているねじ4本を外して、本体を慎重に持ち上げると、Jetson Nano本体と開発者キットとを分離することができます。

すると、M.2(NGFF)コネクタが見えるようになるので、そこにIntel 8265NGWを取り付け、Wi-Fi用のアンテナを接続します。次の写真は、Jetson Nano本体と開発者キットとを分離し、開発者キット側にあるM.2(NGFF)コネクタにIntel 8265NGWを取り付けたところです。

◉Intel 8265NGWを接続したところ

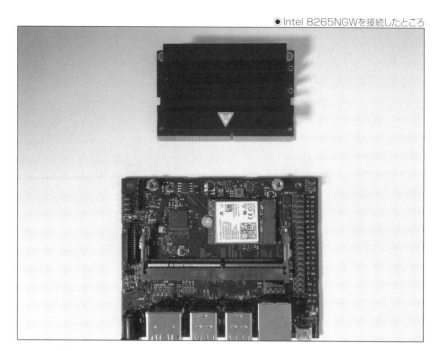

　Intel 8265NGWのアンテナは、RP-SMAコネクタのケーブルと、無線LAN用のアンテナが必要になります。下の写真では、ケーブルの手前側にある大きなコネクタが、アンテナと接続するためのコネクタで、奥側にある小さなコネクタがIntel 8265NGWと接続するためのコネクタです。

◉RP-SMAコネクタのケーブルとアンテナ

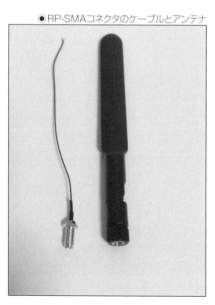

　次の写真はIntel 8265NGWに2つあるRP-SMAコネクタに、ケーブルを接続した様子になります。

●Intel 8265NGWにケーブルを接続

そしてケーブルの反対側には、無線LAN用のアンテナを接続します。

◆ ハードウェアの販売元

まとめると、本書で紹介している開発に必要となる、Jetson Nano側のハードウェアは、次のようになります。

●Jetson Nano側に必要なハードウェア

目的	ハードウェア	スペック
前準備	パソコン	Windows/macOS/Linux
	microSDカードアダプタ	OSの書き込みに必要
Jetson Nanoの動作	microSDカード	16GB以上（64GB以上推奨）
	ACアダプタ	5V/3.5A以上（カメラモジュールを使用するため）
	ジャンパピン	ACアダプタを使用するために必要
Jetson Nano上での ソフトウェア開発	キーボード	USB接続
	マウス	USB接続
	ディスプレイ	HDMI接続かHDMI変換ケーブル
	ネットワークインターフェイス	インターネット回線に接続できるもの

Jetson Nano本体と開発キットは、NVIDIAがセットで販売しており、「秋月電子通商」（http://akizukidenshi.com/）などの店舗の他に、Amazonなどの通販サイトでも購入できるようになっています。

●Jetson Nano

また、本書では、この他にも、電子工作などで部品を用意する必要がある章が登場します。基本的に、一般的なホームセンターや家電量販店などで手に入らないパーツについては、執筆時点において「秋月電子通商」（http://akizukidenshi.com/）と、Amazonのどちらかで通販できるものを選んでいます。

カメラモジュールなど、その他に必要となるハードウェアや、それぞれの章で作成する工作において必要となる部品などについては、各章で個別に紹介していきます。

SECTION-002

ソフトウェア開発環境の準備

◉ オペレーティングシステムのセットアップ

前述のように、本書ではJetson NanoにインストールしたOS上で、プログラムの開発を行います。Jetson Nanoには、UbuntuをベースとしたOSが用意されており、ユーザーインターフェースについても通常のデスクトップ版Ubuntuと同じ環境が用意されているので、Linux向けに用意されているソフトウェア開発環境をインストールして利用することは難しくありません。

しかし、Jetson NanoはmicroSDカードから起動するので、まず最初にJetson Nano用のOSをmicroSDカードにインストールする必要があります。そのためには、(Jetson Nanoとは別に)microSDカードをマウントできるPCが必要になります。

PC上でJetson Nano用のmicroSDカードを作成する手順は、下記のNVIDIAのサイトら参照することができます。

URL https://developer.nvidia.com/embedded/learn/
get-started-jetson-nano-devkit#write

ここでは、NVIDIAのサイトで紹介されている手順に沿って、各OS上でJetson Nano用のSDカードを作成する方法を紹介します。

◆ Jetson Nano用のイメージファイル

microSDカードに書き込むためのイメージファイルはNVIDIAが配布しています。

まず最初に、上記のURLにアクセスし、「Jetson Nano Developer Kit SD Card Image」のリンクをクリックします。

すると、「nv-jetson-nano-sd-card-image-r32.3.1.zip」という名前(r以降の番号はその時点の最新バージョン番号)のファイルがダウンロードされるので、適当な場所へ保存しておきます。

●OSイメージファイルのダウンロード

Jetson Nanoが発売された直後は、microSDカードの容量が拡張されなかったり、日本語の設定で動作が不安定になったりと、いくつかのバグがありましたが、執筆時点のバージョンではある程度、安定して動作するようになっています。

ちなみに、本書で利用したOSイメージファイルのバージョンは「r32.3.1」なので、できるだけ同じバージョンのOSイメージファイルを利用すると、環境の違いに起因する問題を少なくすることができます。

◆ WindowsでのmicroSDカードの作成

Windows上でJetson Nano用のmicroSDカードを作成するためには、まず最初に下記のSD Associationのサイトから、「SD Memory Card Formatter」というツールを利用してmicroSDカードをフォーマットします。

URL https://www.sdcard.org/downloads/formatter/eula_windows/

まず、上記のリンクからSD Associationのサイトにある「SD Memory Card Formatter」のページにアクセスし、画面下にある「Accept」ボタンをクリックします。

●SD Memory Card Formatterのページ

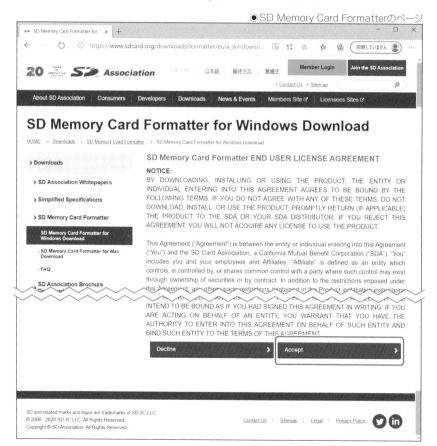

すると、「SDCardFormatterv5_WinEN.zip」というZIPファイルがダウンロードされるので、適当な場所へ解凍しておきます。そして、解凍したフォルダにある実行形式ファイルを実行すると、インストーラーが起動するので、指示に従って「SD Memory Card Formatter」をインストールします。

「SD Memory Card Formatter」がインストールされたら、起動し、次の画面を開きます。

●「SD Memory Card Formatter」を起動したところ

そして、「Select card」の欄でマウントしたmicroSDカードを選択し、「Quick format」を選択して「Format」ボタンをクリックします。

フォーマットが完了したら、次は「Etcher」というツールを利用して、microSDカードにOSのイメージファイルを書き込みます。

下記のEtcherのページから「Etcher for Windows（x86 | x64）（Installer）」を選択するとインストーラーがダウンロードされるので実行し、指示に従ってEtcherをインストールします。

URL https://www.balena.io/etcher

●Etcherのページ

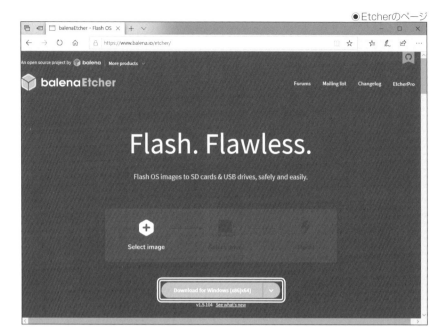

Etcherがインストールされたら、起動し、次の画面を開きます。

●Etcherを起動したところ

　Etcherでは、3ステップの流れに従って、作業を進めます。

　まずは、「Select image」のところで、前項でダウンロードした、「nv-jetson-nano-sd-card-image-r32.3.1.zip」を選択します。

　次に、「Select drive」のところで、先ほどフォーマットしたmicroSDカードを選択します。

　最後に、「Flash!」ボタンをクリックし、しばらく待つと、Jetson Nano用のOSがインストールされたmicroSDカードが作成されます。

　なお、最初にmicroSDカードを作成した時点では、microSDカードの容量のうち、十数GBしかファイルシステムとして利用されていませんが、Jetson Nanoに最初に挿入して起動した際に、microSDカードの空き容量を自動的に判断し、容量をすべて使えるようにファイルシステムを拡張してくれます。

◆macOSでのmicroSDカードの作成

macOS上でJetson Nano用のmicroSDカードを作成するためには、Windowsのときと同じく、「Etcher」というツールを利用して、microSDカードにOSのイメージファイルを書き込みます。

下記のEtcherのページから「Etcher for macOS」を選択すると、DMGファイルががダウンロードされるので、マウントし、Etcherをアプリケーションフォルダにコピーします。

URL https://www.balena.io/etcher

●Etcherのページ

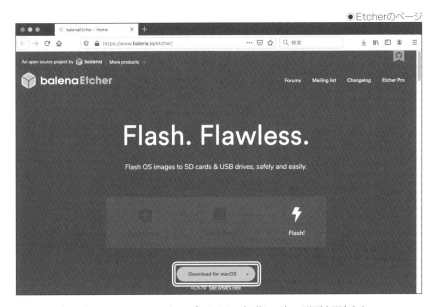

Etcherをアプリケーションフォルダにコピーしたら、起動し、次の画面を開きます。

●Etcherを起動したところ

Etcherでの作業は、Windowsと同じ、3ステップの流れに従います。

まずは、「Select image」のところで、前項でダウンロードした、「nv-jetson-nano-sd-card-image-r32.3.1.zip」を選択します。

次に、「Select drive」のところで、先ほどフォーマットしたmicroSDカードを選択します。

最後に、「Flash!」ボタンをクリックします。すると、ユーザーのパスワードを要求されるので、パスワードを入力します。

　最後に、microSDカードへの書き込みが終わると、macOSでマウントできないmicroSDカードが挿入されていることを検出して、microSDカードをフォーマットしてよいかどうか確認するダイアログが表示されるので、「Ignore」ボタンをクリックし、microSDカードを取り出します。

◆ LinuxでのmicroSDカードの作成

　UbuntuなどのLinuxが上からmicroSDカードを作成するためにも、Windowsの時ときと同じく、「Etcher」というツールを利用して、microSDカードにOSのイメージファイルを書き込みます。

　下記のEtcherのページから「Etcher for Linux x64（64-bit）（AppImage）」を選択すると、ZIPファイルががダウンロードされるので、解凍します。

　URL https://www.balena.io/etcher

●Etcherのページ

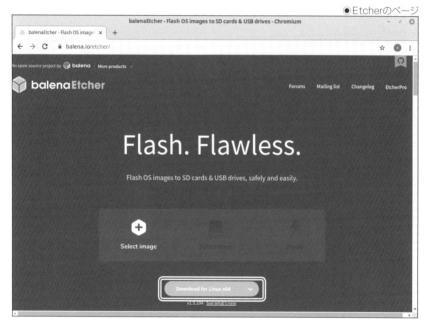

　そして、解凍してできる「balenaEtcher-1.5.70-x64.AppImage」を、SUDO権限を持っているユーザーで起動します。

●Etcherを起動したところ

Etcherでの作業は、Windowsと同じ、3ステップの流れに従います。

まずは、「Select image」のところで、前項でダウンロードした、「nv-jetson-nano-sd-card-image-r32.3.1.zip」を選択します。

次に、「Select drive」のところで、先ほどフォーマットしたMicroSDカードを選択します。

最後に、「Flash!」ボタンをクリックします。すると、ユーザーのパスワードを要求されるので、パスワードを入力します。

その後、しばらくすると、Jetson Nano用のOSがインストールされたmicroSDカードが作成されます。

Linuxでは microSDカードを作成した場合、作成したmicroSDカードをそのままマウントして確認することができます。

●microSDカードをマウントしたところ

OSの起動に必要な各種のファイルを変更してはいけませんが、ホームディレクトリ内に必要なファイルをコピーするなどは行うことができるので、Linux上からmicroSDカードをマウントすることができるのであれば、その後の作業で便利に利用することができるでしょう。

◆ オペレーティングシステムの初期設定

　microSDカードを作成したら、Jetson Nano上のスロットに挿入します。そして、Jetson Nanoにキーボード・マウス・ディスプレイを接続し、電源アダプタを接続します。

　するとJetson Nanoが起動し、microSDカードからOSがロードされて、画面が表示されます。

　microSDカードを作成した後、初回の起動時には、OSの初期設定画面が表示されるので、画面の流れに従って情報を入力していきます。

　まずは、NVIDIAの利用規約に同意するチェックボックスが現れるので、チェックをONにし、「Continue」ボタンをクリックします。

●利用規約

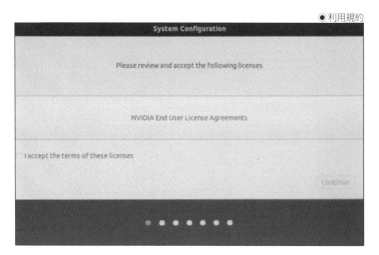

　その後は、通常のデスクトップ版Ubuntuをインストールした際と同じ項目が表示されます。言語設定では、日本語の設定があるので日本語を選択します。

●言語設定

キーボードレイアウトの設定では、接続しているキーボードの種類に応じたものを選択します。

●キーボードレイアウトの選択

タイムゾーンの設定では、東京のタイムゾーンを指定します。ただし、Jetson NanoにはRTC（Real Time Clock - バックアップ用の電池を持った時計）は搭載されていないので、電源を落として再起動するたびに、OSの内部時計はリセットされてしまいます。

OSの起動時に、ネットワーク経由で時計を合わせ直す方法については、この後で紹介します。

●タイムゾーンの設定

システム設定

どこに住んでいますか？

Tokyo

戻る(B)　続ける

　最後に、Jetson Nanoにログインするユーザーのユーザー名とパスワードを設定します。ここで作成するユーザーで、今後、Jetson Nanoをメインに利用することになるので、「自動でログインする」のオプションをチェックしておいてもよいでしょう。

●ユーザー名とパスワードの設定

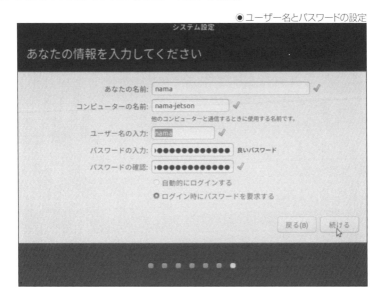

　すべての設定が完了したら、次の画面が表示されてJetson Nanoのデスクトップが利用できるようになります。

●デスクトップ画面

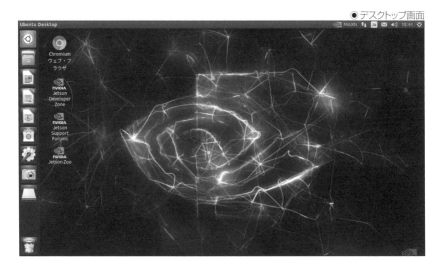

◉ 開発環境のセットアップ

Jetson Nano用のmicroSDカードを作成し、OSの初期設定が完了したら、通常のデスクトップ版Ubuntuと同じようにJetson Nanoを利用することができるようになります。

ここでは、Jetson Nano上で本書で紹介するプログラムを開発するために、必要となるソフトウェアをインストールします。

なお、ここで行う作業は、Jetson Nanoがインターネットに接続されていることが必須となります。そのため、18〜21ページの内容を参照して、Jetson Nanoをインターネット回線へと接続してください。

◆ 必要なパッケージのインストール

まず、機械学習を中心としたプログラムの開発に必要なPython環境と各種のPythonパッケージをインストールします。

Jetson Nano上には、標準でPython3の実行環境がインストールされているので、ここでインストールするのは、Pythonパッケージの管理に使う「python3-pip」と、いくつかのPythonパッケージとなります。

必要となるパッケージのインストールは、コンソールからコマンドラインで行います。コンソールを開くには、デスクトップの左上にあるアイコンからアプリケーションパネルを開きます。

●メニューを開く

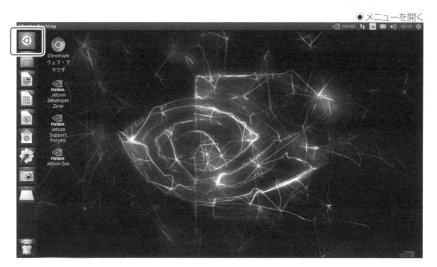

そして、下側のアプリケーションアイコンから、すべてのアプリケーション一覧を開き、「Terminal」という名前のアプリケーションをクリックします。

●Terminalを開く

　するとコンソールが開くので、次のコマンドを実行します。最初の「sudo」コマンドの実行時にパスワードが尋ねられたら、現在のユーザーパスワードを入力し、Enterキーを押します。

```
$ sudo apt install gfortran
$ sudo apt install libopenblas-base
$ sudo apt install libopenblas-dev
$ sudo apt install libjpeg-dev
$ sudo apt install zlib1g-dev
$ sudo apt install libv4l-dev
$ sudo apt install python3-pip
$ sudo pip3 install cython
$ sudo pip3 install numpy
$ sudo pip3 install pandas
$ sudo pip3 install tqdm
$ sudo pip3 install Pillow
$ sudo pip3 install pybind11
$ sudo pip3 install scikit-learn
```

　コンパイルが必要となるパッケージのインストールには若干の時間がかかりますが、すべて正しくインストールされるのを待ちます。

◆GPIOのインストール

　また、本書では電子工作で作成した回路と、Jetson Nanoを接続するために、GPIOという機能を利用します。

　このGPIOをPythonプログラムから使用するためには、NVIDIAが用意しているパッケージが必要となります。NVIDIAが配布している最新のJetson Nano用のOSイメージファイルを使用すれば、標準でこのパッケージはインストールされているはずなので、特にインストールは必要ありません。

　ただし、Jetson Nano用のOSイメージファイルのバージョンによっては、パッケージが含まれていない場合があるので、パッケージがインストールされているかどうか、次のコマンドで確認します。

```
$ python3 -c "import Jetson.GPIO"
```

　上記のコマンドを実行してエラーメッセージが表示されなければ、特にGPIOパッケージのインストールは必要ありません。「Jetson.GPIO」パッケージが存在しないというエラーメッセージが表示された場合、次のコマンドを実行してパッケージをインストールします。

```
$ sudo pip3 install Jetson.GPIO
```

　そして、GPIOを操作するためのLinuxユーザーとして、「gpio」というユーザーを作成する必要があります。また、GPIOを使用するユーザーに、「gpio」グループの権限も付与しておきます。

```
$ sudo groupadd -f -r gpio
$ sudo usermod -a -G gpio <Jetson Nanoのユーザー名>
```

　上記のように「pip3」コマンドで「Jetson.GPIO」パッケージをインストールした場合、Jetson Nanoが起動したときに、GPIOに関連する機能が立ち上がるように、「99-gpio.rules」ファイルを自動起動するサービスに追加します。

　ファイルの場所は「/usr/local/lib/python3.6/dist-packages/Jetson/GPIO/」なので、次のようにファイルをコピーします。

```
$ sudo cp /usr/local/lib/python3.6/dist-packages/Jetson/GPIO/99-gpio.rules /etc/udev/rules.d/
```

　最後に、Jetson Nanoを再起動するか、次のコマンドを実行して、GPIO関連の機能を立ち上げます。

```
$ sudo udevadm control --reload-rules && sudo udevadm trigger
```

◆ PyTorchのインストール

　本書では、ニューラルネットワークを使用するためのパッケージとして、PyTorchとTensor flowを利用します。そうしたニューラルネットワークを扱うパッケージは、通常のPCの場合はCUDAドライバと合わせてインストールしますが、Jetson Nanoの場合は、NVIDIAが公開しているものを導入する必要があります。Jetson Nano上へのPyTorchの導入については、下記のNVIDIAのサイトに掲載されている手順に従って行います。

　URL https://devtalk.nvidia.com/default/topic/1049071/

　まず、次のコマンドを実行して、Jetson Nano用のPyTorchのwhlイメージファイルをダウンロードします。

```
$ wget https://nvidia.box.com/shared/static/ncgzus5o23uck9i5oth2n8n06k340l6k.whl -O \
    torch-1.4.0-cp36-cp36m-linux_aarch64.whl
```

　ファイルがダウンロードされたら、必要なパッケージをインストールし、「pip3」コマンドを実行して、Python3の実行環境にPyTorchを導入します。

```
$ sudo pip3 install torch-1.4.0-cp36-cp36m-linux_aarch64.whl
```

◆ TorchVisionのインストール

　さらに、画像認識AIなどで利用するために、TorchVisionもインストールします。

　こちらは、Jetson Nano用のPyTorch向けのバージョンを、GitHubからクローンしてインストールする必要があります。執筆時点で、Jetson Nano用に用意されているPyTorchはバージョン1.4.0で、それに対応するTorchVisionの最新バージョンはv0.5.0です。

　対象となるTorchVisionをクローンしてインストールするためのコマンドは、次のようになります。

```
$ git clone --branch v0.5.0 https://github.com/pytorch/vision torchvision
$ cd torchvision
$ sudo python3 setup.py install
```

　なお、より新しいバージョンがリリースされている場合は、下記のNVIDIAのサイトで確認してください。

　URL https://devtalk.nvidia.com/default/topic/1049071/

　執筆時点で、対応するPyTorchとTorchVisionのバージョンは、次の表のようになっています。

●PyTorchとTorchVisionの対応表

Pytorchのバージョン	対応するTorchVisionのバージョン
1.0	v0.2.2
1.1	v0.3.0
1.2	v0.4.0
1.3	v0.4.2
1.4	v0.5.0

◆ Tensorflowのインストール

Tensorflowについても、通常のPC向けのものではなく、Jetson Nano用にNVIDIAが公開しているバージョンをインストールする必要があります。

Jetson Nano上へのTensorflowの導入については、下記のNVIDIAのサイトに掲載されている手順に従って行います。

URL https://devtalk.nvidia.com/default/topic/1048776/

まず、必要な環境をインストールします。

```
$ sudo apt install libjpeg8-dev
$ sudo apt install libhdf5-serial-dev
$ sudo apt install hdf5-tools
$ sudo apt install libhdf5-dev
$ sudo apt install zlib1g-dev
$ sudo apt install zip
```

次に、pipコマンドをアップデートしておく必要があります。

```
$ sudo pip3 install -U pip
```

そして、必要となるPythonのパッケージをすべてインストールします。

```
$ sudo pip3 install numpy
$ sudo pip3 install grpcio
$ sudo pip3 install absl-py
$ sudo pip3 install py-cpuinfo
$ sudo pip3 install psutil
$ sudo pip3 install portpicker
$ sudo pip3 install six
$ sudo pip3 install mock
$ sudo pip3 install requests
$ sudo pip3 install gast
$ sudo pip3 install h5py
$ sudo pip3 install astor
$ sudo pip3 install termcolor
$ sudo pip3 install protobuf
$ sudo pip3 install keras-applications
$ sudo pip3 install keras-preprocessing
$ sudo pip3 install wrapt
$ sudo pip3 install google-pasta
```

最後に、NVIDIAが公式に公開しているTensorflowをインストールします。

NVIDIAが公開しているTensorflowには、バージョン2.x系のものと、1.x系のものがありますが、ここではバージョン1.x系で最新版をインストールします。

```
$ sudo pip3 install --pre --extra-index-url \
    https://developer.download.nvidia.com/compute/\
    redist/jp/v43 tensorflow-gpu==1.15.0+nv20.1
```

● その他のインストール

その他、それぞれの章で必要となるPythonパッケージについては、通常の「pip3」コマンドで導入することができます。たとえば、CHAPTER 02で使用する「tweepy」パッケージをインストールするには、次のコマンドを実行します。

```
$ sudo pip3 install tweepy
```

それ以外の必要となるPythonパッケージについては、それぞれの章の解説を参考に、同じく「pip3」コマンドでインストールしてください。

また、プログラムの開発に必要なエディタなどについては、「gedit」や「atom」といった、一般的なテキストエディターが利用できます。

「gedit」のインストールは次のコマンドからインストールできます。

```
$ sudo apt install gedit
```

「atom」は、下記のAtomエディタのページからダウンロードしてインストールすることができます。

URL https://atom.io

●Atomエディターのページ

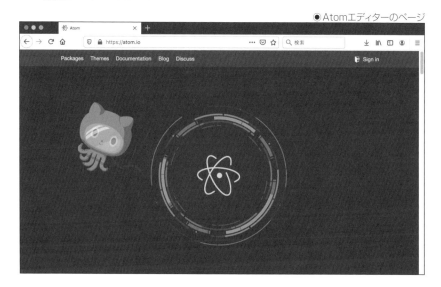

その他の注意点としては、Jetson Nano用の開発環境には、NVIDIAが公開しているもの
と、通常のリポジトリからインストールするものが混在しているので、間違ってNVIDIA版のパッ
ケージを上書きしてしまわないようにします。

PyTorchやTensorflowなどのCUDAアクセラレータを使うパッケージや、ハードウェアを扱
うGPIO、OpenCVなどのパッケージがそれに該当します。

特に、GitHubなどから入手するrequirements.txtやPC向けの手順に従ってパッケージを
インストールすると、環境が壊れてしまうことがあるので注意が必要です。

たとえば、OpenCVはJetson NanoのOSイメージにはじめからインストールされていますが、
より新しいバージョンのものを使おうと、aptコマンドで「opencv-python」をインストールしてしま
うと、カメラモジュールなどハードウェアとの連携を行う箇所が動かなくなる場合があります。

また、OSの自動アップデート機能はOFFにしておく方が無難でしょう。

◎ Jetson Nano用の開発環境

Jetson Nano上での開発については、NVIDIAが用意しているサンプルがあるので、本
書で紹介するプログラムを作成する前に、それらのサンプルコードをコンパイルしてみましょう。

◆ サンプルコードのコンパイル

サンプルコードの詳細については、下記のNVIDIAのサイトにあるドキュメントを参照してく
ださい。

> **URL** https://docs.nvidia.com/jetson/l4t-multimedia/l4t_mm_test_group.html

ここでは簡単に、Jetson Nanoに接続したカメラモジュールから動画を撮影するサンプル
コードをコンパイルして実行することにします。

まず、サンプルコードは、microSDカードを作成した時点で自動的にインストールされてお
り、「/usr/src/jetson_multimedia_api/samples/」に配置されています(この場所は、OS
イメージファイルのバージョンによっては変わることがあるので、見つからない場合は「find
/ | grep samples」としてファイルシステムから検索します)。

その中にある、「10_camera_recording」というコードをコンパイルするには、次のように、サ
ンプルコードのあるディレクトリに移動後、「make」コマンドを実行します(sudoで実行している
のは、ログインユーザーにディレクトリの書き込み権限がないためです)。

```
$ cd /usr/src/jetson_multimedia_api/samples/10_camera_recording
$ sudo make
```

そして、次のように作成されたプログラムを実行すれば、カメラモジュールから画像を録画し、
ファイルに保存します。

```
$ /usr/src/jetson_multimedia_api/samples/10_camera_recording/camera_recording -f \
    movie1.mpg -d 10
$ ls
movie1.mpg
```

39

◆ 動画の確認

録画された動画は、次のようにJetson Nano上で再生することができます。

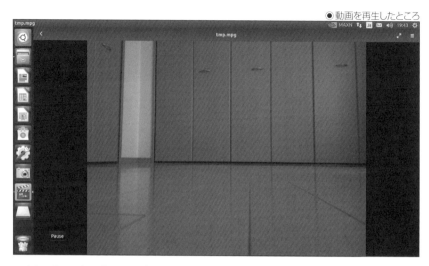

●動画を再生したところ

また、次のように、「ffmpeg」コマンドをインストールして、動画ファイルを編集することもできます。

```
$ sudo apt install ffmpeg
$ ffmpeg -i movie1.mpg -vcodec png -r 15 image_%02d.png
```

ハードウェア開発環境の準備

◉本書で紹介する電子工作について

　Jetson Nanoは、組み込み用途でも利用できる小型のボードコンピュータであり、外部に電子回路を接続して利用することも想定されています。

　そして、機械学習に利用できるCUDAコアを搭載しているというJetson Nano特有の要素を組み合わせれば、エッジAI搭載機器としてさまざまなIoT機器の製作を行うことができます。

　まずはハードウェア開発の肝となる、電子工作について、本書で必要となる技術を紹介しておきます。

◆電子部品の接続

　電子工作とは、電気で作動する色々な部品(素子)を利用する工作のことです。電気で作動する部品は、当然のことながら電気が流れるように使わなければ、その機能を発揮できません。そこで、電子工作では、電子部品同士を、正しく電気が流れるように接続する必要があります。

　そうした、電子部品同士の接続の仕方を、抽象化して図面にしたものが、回路図です。たとえば、次の回路図は、発光ダイオード(LED)と抵抗器という2つの部品を接続することを表現しています。

●回路図と実際の電子部品

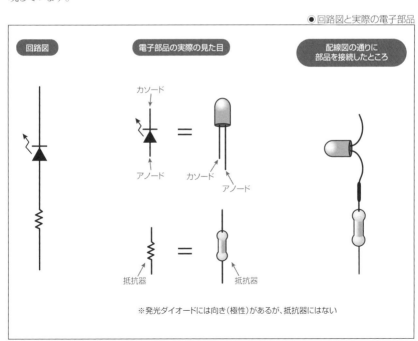

※発光ダイオードには向き(極性)があるが、抵抗器にはない

　回路図は、あくまで電子部品同士の電気的な接続の仕方を抽象化して図面にしたものなので、回路図の見た目の形そのものは問題ではありません。そのため、実際に工作を行うときには、回路図の見た目の形ではなく、どのように部品同士が接続されているかという点のみを再現するように工作を行います。

　電子工作で利用される代表的な電子部品の、回路図の記号は、次のようになっています。

● 回路図の記号の例

回路図の記号	電子部品の名称	実際の形状（一例）
	発光ダイオード	
	抵抗器	
	コンデンサ	（積層セラミック）
	電解コンデンサ	
	トランジスタ（NPN型）	（TO92）
	プッシュスイッチ	（タクトスイッチ）
	トグルスイッチ	
	ジャックコネクタ	

　回路図の記号は、電子部品の電気的な役割を表しているだけなので、実際の電子部品の実際の形状は、必ずしも回路図の記号と、一対一で対応してはいません。

　たとえば、プッシュスイッチひとつ取ってみても、タクトスイッチ型のものやパネル取り付け型のものなどによって実際の形状は異なっています。しかし、電気的な役割が同じであれば、回路図上では同じ記号で表されます。

どのような形状の電子部品を使用するかは、実際にその工作がどのように使われるかによって選択する必要があります。

また、電子部品には、極性(向き)があるものとないものがあり、上記の表の中では発光ダイオードと電解コンデンサ、トランジスタ、ジャックコネクタが極性のある電子部品となっています。また、トランジスタのように、3本やそれ以上のリードで接続する部品もあります。

本書では特に取り上げませんが、電子工作で利用される電子部品には、上記以外にもさまざまな種類のものがあり、回路図の記号も他にもさまざまなものがあります。

◉ ブレッドボードの使い方

さて、回路図には、電気の流れる回路しか記載しませんが、実際の工作には部品同士を固定するための基盤であったり、何らかの構造物が必要になります。

金属のような電気の流れやすい物体(導体)をつなぎ合わせれば、そこには電気が流れますし、プラスチックのような電気の流れにくい物体(不導体)を使えば、電気を流さないように部品同士を固定することができます。

そこで、通常は不導体の構造物の上に導体の配線を固定するのですが、実験的な回路を作成する際に使われるのが、ブレッドボードという基盤です。

●ブレッドボードとブレッドボード内部の配線

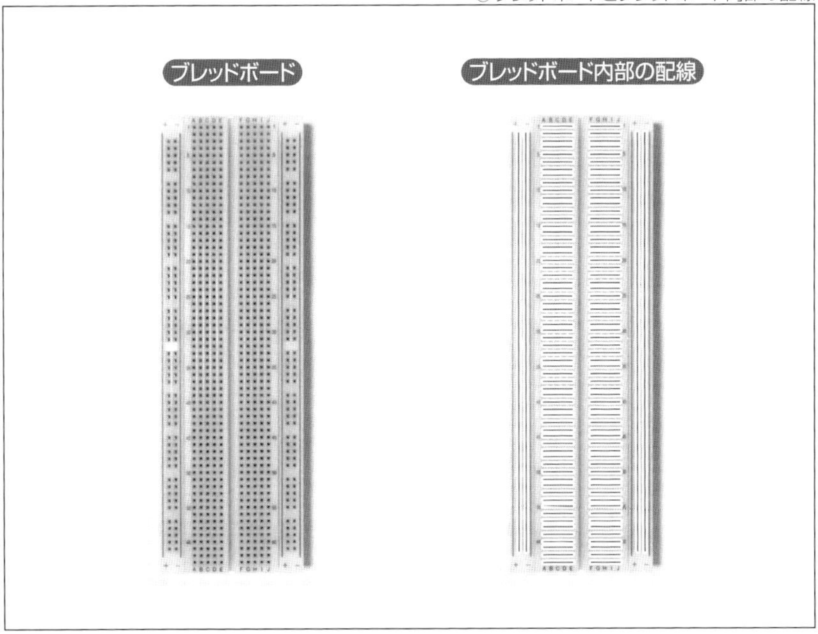

このブレッドボードは、プラスチックでできた、たくさんの穴の開いた基盤で、それぞれの穴には、上図のように横方向に接続する金属製の端子が埋め込まれています。

そこで、ブレッドボードの穴に電子部品を差し込み、パズルのように組み合わせて、回路図にある電子部品同士の電気的な接続を再現します。

◆ ブレッドボード上の配線

　ブレッドボードに開いている穴の中では、横方向には電気的な接続がありますが、縦方向には接続していません。そのため、部品同士を組み合わせる際に、ジャンパワイヤという配線を使用して、縦方向の接続を作成します。

　ジャンパワイヤには、主にブレッドボード上で使用する、穴と穴とを繋ぐ両端がピンタイプのもの(オス-オス)と、主にブレッドボード上の回路と外部の端子とをつなぐ、片方がピンでもう片方が穴になっているタイプのもの(オス-メス)、ジャンパワイヤを延長する際に使用する両端が穴になっているタイプのもの(メス-メス)などがあります。

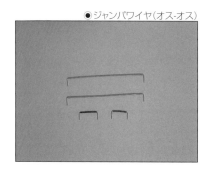

●ジャンパワイヤ(オス-オス)

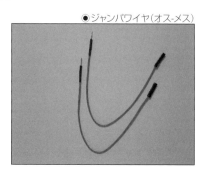

●ジャンパワイヤ(オス-メス)

▶ 半田付け

　ブレッドボード上に差し込んだ電子部品は、単に差し込まれているだけで、固定はされていません。そのため、少しの力が働いただけで、ボードから部品が脱落する危険性があるので、動作確認など実験的な用途にしか使うことができません。

　より実用的な用途で電子工作を利用したい場合は、もっと頑丈に部品を固定できる手法で工作を行う必要があります。そして、電子部品のリードのように、電気が通るように固定する必要がある場合、半田付けによる固定が行われます。

　半田付けとは、金属同士のろう接の一種で(母材が溶ける溶接に対して、母材は溶けない状態で溶かした別の金属がくっ付くのがろう接)、融点の低い合金(通常、鉛とスズの合金が使われます)である半田を、半田ごてで溶かして使います。

　半田付けの流れは次の通りです。

1 接続する部品のリード同士を接触させる。

2 半田ごてのこて先を当てて、リードの温度を高める。

3 熱くなったリードに半田線を当てて、半田を溶かす。

4 半田ごてと半田線を離して、冷めるのを待つ。

●半田付け

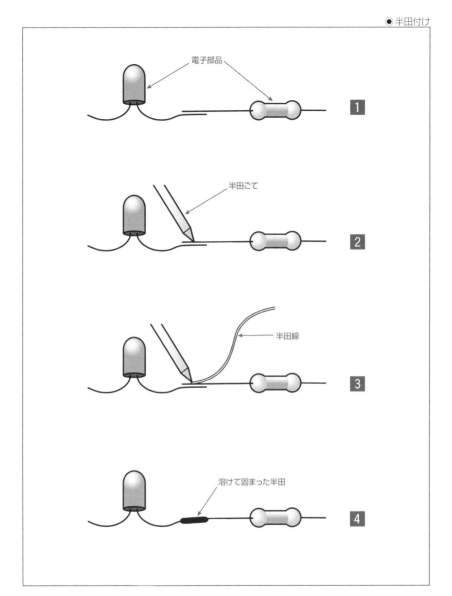

半田付けに必要となる半田と半田ごては、通常のホームセンターでも売っていますが、その
原理的に高温を扱うことになるので、火傷をしないように慎重に扱う必要があります。

◆ ユニバーサル基板の使い方

　ここでは半田付けによる電子工作の例として、ユニバーサル基板の使い方を紹介しておきます。ユニバーサル基板とは、不導体の板でできた基板で、裏側にはたくさんの穴の周りに、スポットのように半田面があります。

　きちんと配線をプリントした状態で作成される電子基板と比べると、やはり実験的な用途に使用されるものですが、ブレッドボードと比べると、部品の固定をしっかりと行える分だけ、ある程度の実用的な用途にも使うことができます。

　また、プラスチック製のユニバーサル基板と比べて、ガラス繊維などの絶縁性の高い素材でできているため、より高い電圧で利用することができるというメリットもあります。

　基盤の片側から部品のリードを通し、穴の反対側から半田で部品を固定するというのが、ユニバーサル基板の基本的な使い方です。ユニバーサル基板ではブレッドボードとは違って、部品同士をつなげる回路も、半田付けで作成する必要があります。

　ユニバーサル基板の使い方の流れは次の通りです。

1 ユニバーサル基板の穴に部品のリードを通す。

2 リードと半田面のスポットを半田ごてで熱する。

3 半田線を当てて溶かした半田を流す。

4 すべての部品を固定する。

5 余分なリードをカットする。

6 リード線などの配線材で部品同士を接続する。

●ユニバーサル基板の使い方

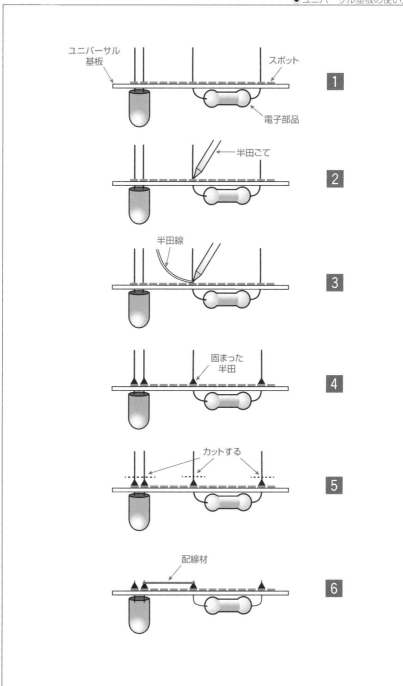

プログラムの実行設定

▶ Jetson Nanoの起動時に自動実行する

本書では、IoT機器として使用する前提でJetson Nanoのプログラムを作成します。IoT機器のプログラムは、PCのそれとは異なり、ユーザーがディプレイを見ながら、マウスやキーボード操作で実行するのではなく、自動的に起動する必要があります。

ここではプログラムを、Jetson Nanoが起動したときに自動で起動するように設定する方法について紹介します。

◆ シェルスクリプトの作成

プログラムを、Jetson Nanoの起動時に自動的に実行させる方法については、いくつかの手段があります。

Jetson Nanoにインストールされる OSは、Ubuntuをベースとしたものなので、通常のLinuxサーバーと同じく、サービスとして登録することもできますし、Crontabやinit.dに登録してもよいでしょう。

そうした方法は、Linuxの環境についての知識があれば問題なく設定できますが、ここではより簡単に、ユーザーのデスクトップ環境に自動でログインし、そのときの自動実行プログラムとしてスクリプトを設定する方法を紹介します。

それには、まず、プログラムの実行を行うシェルスクリプトを用意します。

シェルスクリプトは、実行したいコマンドを記載したテキストファイルで、たとえば、39ページで紹介した、サンプルコードのプログラムを実行するためのシェルスクリプトは、次のようになります。

SOURCE CODE | kick.sh

```
#!/bin/bash
/usr/src/nvidia/terga_multimedia_api/samples/10_camera_recording/camera_recording -f \
    movie1.mpg -d 10
```

このファイルを、ホームディレクトリ内に「kick.sh」という名前で保存しておき、コンソールからプログラムとして実行するための権限を設定します。それには、「chmod」コマンドに、「+x」オプションとファイル名を付けて実行します。

```
chmod +x kick.sh
```

◆ デスクトップ環境での実行の登録

そして、Jetson Nanoの起動時にユーザーが自動でログインするように設定し、デスクトップ環境でシェルスクリプトを自動実行します。

まず、デスクトップの左上にあるアイコンからアプリケーションパネルを開き、「Settings」をクリックしてシステム設定画面を開きます。

●システム設定画面

そして、「User Accounts」をクリックしてユーザー設定を開きます。

●ユーザー設定

ユーザー設定では、「Automatic Login」をONにします。

次に、アプリケーションパネルを開き、「Startup Applications」をクリックします。

●アプリケーションパネル

Startup Applicationsには、ユーザーログイン時に自動で起動するアプリケーションやサービスが表示されるので、「Add」ボタンをクリックします。

●Startup Applications

すると、次のように、アプリケーションの登録ダイアログが表示されるので、適当なアプリケーションの名前と、先ほど作成したシェルスクリプトを登録します。

●Startup Applications

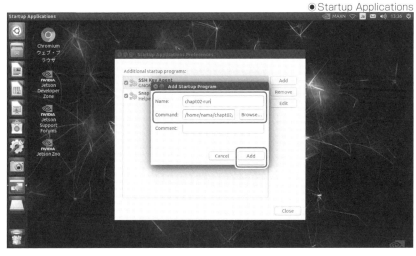

最後に「Add」ボタンをクリックして保存すれば、作成したシェルスクリプトからプログラムが、Jetson Nanoの実行時に自動で起動されるようになります。

◉Jetson Nanoの起動時に時計を合わせる

起動時にプログラムを自動実行する例として、Jetson Nanoの起動時に、インターネット回線を通じて自動的に時計を合わせ直す例を紹介します。

まず、インターネット回線を通して時刻を問い合わせるには、「ntpdate」というコマンドを使用します。Jetson Nanoに「ntpdate」コマンドをインストールするには、次のコマンドを実行します。

```
$ sudo apt install ntpdate
```

そして、「ntpdate」コマンドを利用して時計を合わせるシェルスクリプトを作成します。ここでは、時計を合わせるために時刻を問い合わせるサーバーとして、情報通信研究機構が提供している、「ntp.nict.jp」というサーバーを利用しました。

次の内容を、「kick-ntp.sh」という名前のファイルで、ホームディレクトリ内に保存します。

SOURCE CODE ‖ kick-ntp.sh

```
#!/bin/bash
ntpdate ntp.nict.jp
```

そして、このファイルを自動で実行するように設定しますが、OSの時計を合わせるにはルート権限が必要なので、ファイルをルート権限で実行できるように、SUIDの設定を行います。

```
$ sudo chmod 4755 kick-ntp.sh
```

上記のコマンドでSUIDを設定したら、先ほどの例と同じように、「Startup Applications」から「kick-ntp.sh」を自動実行するアプリケーションに追加します。

●「kick-ntp.sh」の登録

●自動実行するアプリケーション一覧

　すると、Jetson Nanoが起動したときに、自動的にインターネット回線を通じて正しい時刻を取得し、OSの時計を合わせてくれるようになります。

⏵本書のサンプルプログラムを起動する

　本書で作成するプログラムは、多くの場合、Jetson Nanoが起動したときに自動で実行されることを想定します。

　本書のサンプルプログラムは、「chapt02」～「chapt08」という名前のディレクトリ以下にあるので、そのディレクトリをユーザーのホームディレクトリ以下にコピーした場合、プログラムを自動実行するためのシェルスクリプトは、次のようになります。

```
#!/bin/bash
cd /home/＜Jetson Nanoユーザー名＞/chaptXX/
python3 chaptXX-Y.py
```

　プログラムが保存されているディレクトリに移動してから、「python3」コマンドを実行してプログラムを起動するようにしてください。

CHAPTER 02

ペット見守りTwitter
ボットの作成

ペット見守りボットの概要

▶想定する使い方

前章では、Jetson Nanoをセットアップして、通常のPCとして利用できるようにしました。

この章からは、小型のボードコンピュータであるというJetson Nanoの特性を生かすために、Jetson Nanoを利用したIoT機器の作成を行います。

前章でも説明したとおり、Jetson Nanoは、NVIDIAのGPUアクセラレータと同様に、機械学習に利用できるCUDAコアを搭載しており、機器上でニューラルネットワークの学習も可能になっています。

この、GPUと同等のアクセラレータを搭載しているというのが、Jetson Nanoの最大の特徴なので、この章では、まずJetson Nano上で機械学習モデルを使用するための例題として、カメラデバイスとインターネット接続を組み合わせた、物体認識カメラ連携のTwitterボットを作成します。

◆作成するボットの概要

この章で作成するTwitterボットは、Jetson Nanoに接続したカメラに、あらかじめ学習させておいた物体が写ったときに投稿を送信する、簡単な画像認識AIの応用です。

ここでは、部屋の中の特定の位置に設置したカメラに、ぬいぐるみ（実際には猫などのペットを想定しています）が写り込んだ際に、その写真をTwitterに投稿するようにします。

●ペット見守りボットの概要

利用するニューラルネットワークのモデルにもよりますが、軽いモデルを使用した場合、Jetson Nanoの性能を持ってすれば、このような単純な画像認識は、最大10fps～20fps程度のフレームレートを実現することができます。

そのため、動画として、ある程度のリアルタイム性が求められる用途にも利用できますが、ここではTwitterボットとして作成するので、一度の投稿の後、最低10分間のインターバルを開けて次の投稿を行うようにします。

● ハードウェアの構成

本書は、Jetson Nano上で機械学習を利用したAIを使うというのと、組み込みボードとしてのJetson Nanoを利用したハードウェア作成という、2つのテーマがあります。

開発のはじめとなるこの章では、機械学習側のテーマに絞ってJetson Nano上での開発を紹介することにし、ハードウェアの開発はまだ行いません。

Twitterボットに必要となる外部ハードウェアは、基本的にカメラモジュールとインターネット接続のためのインターフェイスのみとなります。

◆ カメラモジュール

カメラモジュールは、前章でも説明したとおり、15ピンのMIPIカメラシリアルインターフェイス（CSI）を搭載したモジュールを利用することができます。ここでは、Raspberry Pi用の一般的なカメラモジュールである、「Raspberry Pi Camera V2」を利用しました。

●Raspberry Pi Camera V2

この章では画像認識AIのためのモデルを自前で学習させるので、必ずしも通常の画像を撮影するカメラでなくても利用することができます。

一例として、Raspberry Pi用と銘打って販売されている赤外線カメラなども、同じ15ピンのMIPI CSIインターフェイスのものであればJetson Nano用に流用できるので、用途によってはそのような特殊なカメラも選択することができます。

◆ ネットワークインターフェイス

また、インターネット回線のインターフェイスとしては、WiMAX回線のルーターである「Speed Wi-Fi NEXT W06」を使用しました。

● Speed Wi-Fi NEXT W06

前章でも紹介したように、この製品はUSBで接続すると、USB接続のネットワークインターフェイスとして認識されるので、USB Type A to CケーブルでつなぐだけでJetson Nanoをインターネットに接続することができます。

また、Twitterボットとしての運用だけであれば高速な回線は不要なので、一般的なUSB Wi-Fiモジュールを使用することもできます。

その他、電源としては汎用品のACアダプタを、筐体としては100円均一ショップで購入したプラスチックケースに穴を開けて利用することにしました。

カメラモジュールを利用するので、ある程度の電源容量があるACアダプタを利用すること以外に、特に注意点はありません。

●この章で使用するハードウェアモジュール

モジュール	製品	品名
カメラモジュール	Raspberry Pi用のもの	Raspberry Pi Camera V2
インターネット回線	WiMAX回線ルーター	Speed Wi-Fi NEXT W06
ACアダプタ	汎用品	5V 4A
筐体	プラケース改造品	100均コンテナボックス

また、学習のためのデータとして動画を撮影する際には、Jetson Nanoを操作するための
キーボードとマウス、ディスプレイが必要になります。

ソフトウェアの構成

この章で作成するTwitterボットは、画像認識AIとTwitter APIとを組み合わせたもの
です。

しかし、画像認識AIを自前で学習させるために、ボット本体のプログラムの他にも、画像認
識AIを学習させるためのプログラムが必要となるので、この章ではTwitterボット本体以外に
いくつかのプログラムを作成します。

まず、カメラモジュールから学習用データを録画するプログラムが必要ですが、これは
Jetson Nanoのサンプルコードにあるプログラムをコンパイルして使用します。

次に、録画した動画ファイルから学習データを作成する必要がありますが、これには、
ffmpegで動画のフレームを分割した後に、画像の前処理を行うプログラムを作成します。

そして、作成した学習用の画像データから、画像認識AIのモデルを作成する学習用のプ
ログラムを作成します。

最後に、作成したモデルファイルを利用して画像認識を行い、結果をTwitterに投稿する
ボットプログラムを作成します。

●ソフトウェアの構成

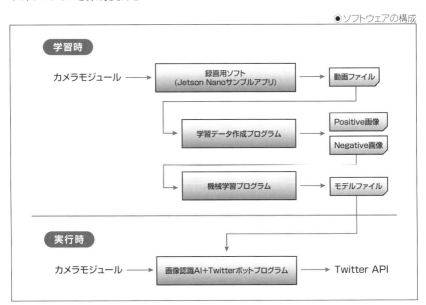

🌑 学習させるデータ

この章では画像認識AIのためのモデルを自前で学習させるので、学習用のデータを作成する必要があります。

画像認識AIのための学習用データセットとしては、一般的な物体認識のためのサンプルが公開されてもいますが、実際に運用するときと同じカメラモジュールを利用して、同じ環境で撮影したデータを利用することで、より特定の対象物に対する認識精度の高いモデルを作成することができます。

◆ 動画からPositive&Negativeデータを作成する

ここでは、特定のぬいぐるみ（あるいはペットなど）を認識するように画像認識AIを学習させます。

まず、Positiveデータとして、その対象物を直接、Jetson Nanoとカメラモジュールで録画し、その動画から各フレームを分割することで、学習用のデータとします。

また、Negativeデータとしては、同じように、何も写っていない状況の動画を撮影し、後からノイズを追加することで作成します。

● 学習用データを録画

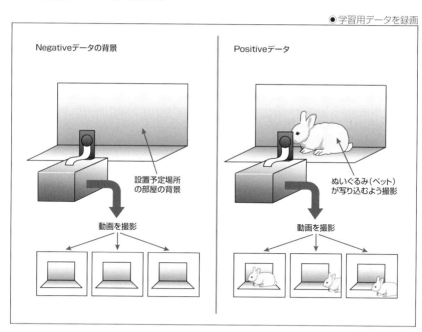

60

◆Negativeデータにノイズを追加する

　学習用のデータは、ぬいぐるみ（あるいはペットなど）が写っているときのデータ（Positive
データ）と、写っていないときのデータ（Negativeデータ）の2種類が必要です。

　これらは、Twitterボットを設置予定の場所で、何も写っていない背景の動画と、対象物
が写っているときの動画を撮影すれば取得することができます。

　ただし、何もない室内で背景となる動画を撮影しても、すべてのフレームがほとんど同じ内
容の、動きのない動画になってしまいます。それでは、画像認識AIを学習させても、何も写っ
ていない=Negative、何かが写っている=Positiveという、背景か背景以外か、という学習
がなされてしまいます。

　そのようなモデルを利用すると、対象となるぬいぐるみ（ペット）以外であっても、「何か」が写
るとPositiveと認識してしまうので、学習データに工夫をして、Nagativeデータのバリエーショ
ンを作成することで、対象物が写っている=Positive、対象物が写っていない=Negativeとな
るようなデータセットとします。

●背景画像にノイズを追加する

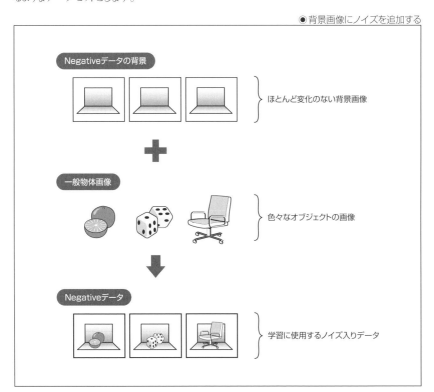

　このようにデータセットに工夫をすることで、ノイズ耐性のある画像認識AIを作成することが
できます。

　また、ここで利用するような一般物体の画像には、画像認識AIのための学習用データセッ
トとして公開されている、一般的な物体認識のためのサンプルが利用できます。

学習用データの作成

◉カメラを仮設置する

前節までに、この章で作成するTwitterボットの作成方針について解説したので、ここからは実際に学習のためのデータを作成し、Twitterボットで使用する画像認識AIの学習を行えるように準備します。

◆ 筐体を作成する

まず、実際の運用時と同じ環境で撮影したデータを取得するために、Jetson Nanoを設置予定の場所へと仮置きます。

ハードウェアの構築はこの章の主題ではないので、最低限カメラモジュールを固定することができるように、ここでは100円均一ショップで購入したプラスチックケースに穴を開けて、Jetson Nanoが入るケースとして利用しました。

●プラスチックケースにJetson Nanoを入れる

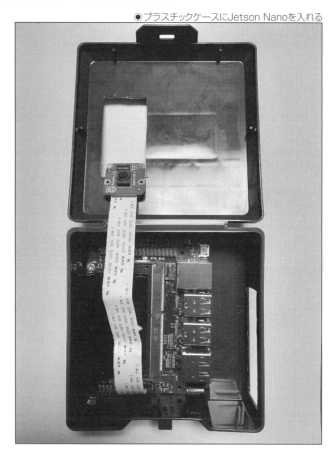

後は、設置予定場所に筐体を仮置きし、キーボードとマウス、ディスプレイを接続して、Jetson Nanoを操作できる状態にします。

◉設置予定場所に筐体を仮置きしたところ

◆ カメラの設置向き

今回使用したカメラモジュールの場合、本来のカメラの設置向きは、ケーブルが伸びている側が上になる方向が正しいです。

しかし、組み込み開発では、ハードウェアの側の都合が優先されるべきで、ソフトウェアの側で吸収できる問題はできるだけソフトウェアの側で吸収するというのが、基本的な方針になります。

そのため、カメラモジュールの設置向きについても、物理的にケーブルが干渉するなどの問題が発生するならば、柔軟に対応できるようにしておく方が望ましいといえます。

この章では、カメラモジュールの設置向きについて、場合によっては上下逆に設置することができるように、ソフトウェアの側で修正する方法も合わせて紹介します。

▶ 動画を録画する

Jetson Nanoを起動したら、カメラモジュールを予定の方向へと向けて、動画を撮影します。撮影する動画は、対象物が写っているPositiveデータ用のものと、写っていないNegativeデータ用のものが必要です。

ここでは手でぬいぐるみを動かしながら動画を撮影しましたが、ペットなどを認識したい場合は、餌などでカメラの前に誘導するなどの工夫をして、設置予定の場所と同じ背景の上にペットなどが写り込む動画を撮影します。

◆ カメラで動画を録画する

カメラモジュールでの動画の録画は、前章でコンパイルしておいた、Jetson Nanoのサンプルコードを利用します。使用するサンプルは、「10_camera_recording」内にある「camera_recording」プログラムです。

サンプルの解説は、下記のNVIDIAのサイトにもあるので、そちらも参照してください。

URL https://docs.nvidia.com/jetson/l4t-multimedia/
　　　l4t_mm_camera_recording.html

実際に録画を行うには、Jetson Nano上でコンソールを開いて、次のコマンドを入力すると、10秒間の録画が実行され、「movie_background1」という名前でファイルが保存されます。

```
$ /usr/src/jetson_multimedia_api/samples/10_camera_recording/camera_recording -f \
    movie_background1.mpg -d 10
```

ここでは上記のコマンドを利用して、対象となるぬいぐるみ（ペットなど）が写っている動画を5回、写っていない動画を5回撮影し、それぞれ「movie_rabit1~5.mpg」「movie_background1~5.mpg」という名前で保存しました。

以降は、撮影した動画ファイルは、ホームディレクトリ内の「resource/chapt02」以下に保存されているとして解説を続けます。

◆ 動画の向きを修正する

前述のように、この章では、カメラモジュールの設置向きを上下逆に設置する場合も考慮してソフトウェアを作成します。カメラモジュールの向きが逆の場合、当然ながら録画した動画も上下が反転したものとなるので、録画した動画の向きを修正する必要があります。

前章で、ffmpegをインストールしているので、ここでは「ffmpeg」コマンドを利用して動画の向きを修正します。動画の向きを上下反転させるには、次のコマンドを実行します。

```
$ ffmpeg -i <入力ファイル> -vf vflip <出力ファイル>
```

動画の向きを修正する必要がある場合、上記のコマンドを、先ほど撮影した「movie_rabit1~5.mpg」「movie_background1~5.mpg」ファイルすべてに実行し、元のファイルを出力ファイルで置き換えます。

◆ フレームごとに分割する

　動画ファイルを用意したら、Jetson Nanoを仮設置の場所から動かしても（動かさなくても）大丈夫です。ここからは、動画データを分割して学習のための画像データを作成していきます。

　まずは、動画をフレームごとに分割して静止画の一覧を作成します。

　次のコマンドで動画ファイルを保存してあるディレクトリに移動してください。

```
$ cd ~/resource/chapt02
```

　そして、「ffmpeg」コマンドを利用して動画ファイルをフレームごとに分割します。分割する動画ファイルは、「movie_rabit1～5.mpg」「movie_background1～5.mpg」の10ファイルで、出力する静止画のファイル名は、「rabit_???????.png」と「background_???????.png」という名前にします。

　それには、次のコマンドを実行して、動画ファイルのフレームをPNGフォーマットの画像で保存します。

```
$ ffmpeg -i movie_background1.mpg -vcodec png background_1%06d.png
$ ffmpeg -i movie_background2.mpg -vcodec png background_2%06d.png
$ ffmpeg -i movie_background3.mpg -vcodec png background_3%06d.png
$ ffmpeg -i movie_background4.mpg -vcodec png background_4%06d.png
$ ffmpeg -i movie_background5.mpg -vcodec png background_5%06d.png
```

```
$ ffmpeg -i movie_rabit1.mpg -vcodec png rabit_1%06d.png
$ ffmpeg -i movie_rabit2.mpg -vcodec png rabit_2%06d.png
$ ffmpeg -i movie_rabit3.mpg -vcodec png rabit_3%06d.png
$ ffmpeg -i movie_rabit4.mpg -vcodec png rabit_4%06d.png
$ ffmpeg -i movie_rabit5.mpg -vcodec png rabit_5%06d.png
```

　すべての動画をフレームごとに分割すると、筆者が録画した動画の場合、Positiveデータ用動画とNevativeデータ用動画からそれぞれ1050枚の画像が作成され、合計2100枚のPNG画像が保存されます。

　もちろん、ここで作成するデータは多ければ多い方がよいので、もっとたくさんの動画を撮影したり、10秒ではなく長い時間の動画を録画するなどしてデータを増やすこともできます。

　しかし、あまりにもデータを増やしすぎると、Jetson NanoのSDカードでは空きスペースが足りなくなってしまうのと、学習のために長い時間が必要となるので、ほどほどのデータサイズでやめておきます。

🕒 学習用データを作成する

動画ファイルのフレームから、PNGフォーマットの画像ファイルを作成したら、次は画像の前処理用のプログラムを作成します。

この前処理用のプロセスは、機械学習を行うプログラムに組み込む形で作成することもできるのですが、本書ではソースコードの構成をわかりやすくするために、1つひとつの機能を別々のプログラムで作成し、いったんファイルとして保存しておくことで、処理の流れを把握しやすいように構成しています。

◆ 前処理用のプログラムを作成する

前処理用プログラムは、ホームディレクトリ以下に「chapt02」というディレクトリを用意して、その中に作成します。また、前処理の結果として、PositiveデータとNegativeデータ用の画像ファイルを作成するので、それらのファイルを保存するディレクトリとして、「chapt02/img/0」と「chapt02/img/1」というディレクトリを作成します。

```
$ cd ~/chapt02
$ mkdir img
$ mkdir img/0 img/1
```

次に、実際にプログラムを記述するソースコードファイルを作成します。ここでは次のように、「chapt02-1.py」という名前のファイルを作成し、その中に前処理用プログラムのソースコードを記述していきます。

```
$ gedit chapt02-1.py
```

まずソースコードの最初に記述するのは、必要となるパッケージのインポートです。

このプログラムでは、画像を読み込んで処理するために、OpenCVを利用するので、次のように「cv2」パッケージのインポートを作成します。その他にも、「random」「glob」パッケージをインポートする必要があります。

また、後述するNagativeデータのバリエーション作成用に、「torchvision」パッケージもインポートします。

SOURCE CODE ‖ chapt02-1.pyのコード

```python
# 必要なパッケージをインポート
import numpy as np
import random
import glob
import cv2
import torchvision
```

◆リサイズして保存する

前処理用プログラムでは、動画ファイルのフレーム画像を読み込んで処理を行った後、保存します。

Positiveデータ用の画像については、動画ファイルのフレームを分割したものを224ピクセル四方のサイズにリサイズして、そのまま利用します。

次のように、「glob.glob」関数からファイル名のリストを取得して、それらについて画像を読み込み、リサイズした上で「img/1」ディレクトリ内に保存します。

SOURCE CODE || chapt02-1.pyのコード

```python
# ファイル名で検索してループ
for i, fn in enumerate(glob.glob("../resource/chapt02/rabit_???????.png")):
    # 読み込んでリサイズ
    back = cv2.imread(fn)
    back = cv2.resize(back, (224, 224), interpolation=cv2.INTER_CUBIC)
    # Positive画像として保存
    cv2.imwrite("img/1/%d.png"%i, back)
```

◆ノイズ用のデータを取得する

次に、Negativeデータとなる画像ファイルを作成します。

前述したように、Negativeデータについては、動画ファイルのフレームをそのまま利用するのでは、背景だけが続くほとんど同じ内容の画像ばかりが学習データとなってしまいます。

それでは画像認識AIとしては都合が悪いので、ここでは背景の画像に対して、さまざまな一般物体画像をノイズとして追加し、Negativeデータのバリエーションとします。

追加する一般物体画像は、機械学習モデルの開発に使われる一般的なデータセットから取得しますが、物体のみを切り出して背景画像と合成するために、セグメンテーションという学習を行うためのデータセットを利用する必要があります。

ここでは、下記のURLにある「Pascal VOCデータセット」という公開データセットを利用します。

URL http://host.robots.ox.ac.uk/pascal/VOC/

このデータセットは、torchvisionパッケージから利用することができるので、プログラムからはパッケージにあう関数を呼び出すだけで、自動的にダウンロードと読み込みが行われます。

URL https://pytorch.org/docs/stable/torchvision/datasets.html#voc

それには、次のように「torchvision.datasets.VOCSegmentation」関数を呼び出します。

関数の引数にある「"./voc"」は、「voc」ディレクトリ内にPascal VOCデータセットをダウンロードすることを指示しており、「download=True」は実際にインターネットからファイルをダウンロードして利用することを指示しています。

一度、次のコードを実行して、「voc」ディレクトリ内にデータをダウンロードした後なら、「download=False」とすることでダウンロード済みのデータを利用することもできます。

SOURCE CODE	chapt02-1.pyのコード

```
# VOCデータベースからマスク付き画像のデータをダウンロード
vocdata = torchvision.datasets.VOCSegmentation("./voc", download=True)
```

「vocdata」変数に格納されるPascal VOCデータセットは、添え字でインデックスを指定してデータを取得できるイテレーターオブジェクトで、返されるデータは、PillowパッケージのImageクラスからなる、画像とマスク画像のタプルです。

試しに、次のようにすると、インデックス1の位置にあるデータの、画像とマスク画像を保存することができます。

```
vocdata[1][0].save("vocdata_1.png")
vocdata[1][1].save("vocdata_1_mask.png")
```

この結果、保存される画像は、次のようなものです。

 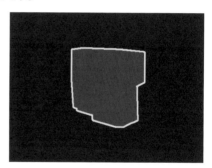

この画像からわかるように、Pascal VOCデータセットから取得した画像に、マスク画像をマスキングしてやることで、背景画像に上書きするための一般物体画像を取得することができます。

◆ 物体にマスクして背景と合成する

Negativeデータ用の背景画像を読み込み、それらのうちいくつかのものについてはノイズとしてPascal VOCデータセットにある一般物体画像を合成します。

ここでは、約90%のデータについて一般物体画像を合成し、残りのデータは背景画像をそのまま利用するようにしました。

それには次のように、ファイル名のリストを取得してデータを読み込んだ後に、「random.random」関数で乱数を取得し、90%の確率で分岐に入るように処理を作成します。

分岐の中では、「vocdata」変数から画像と、画像のマスク画像を取得します。

取得できる画像は、PillowパッケージのImageクラスなので、「np.array」関数を使用して、OpenCVと同じようにNumpy配列のデータにします。

その後は、マスク画像のピクセルが0ではない位置を「flag」変数に取得し、背景画像の、「flag」変数にある位置の値を、Pascal VOCデータセットからの画像の値で置き換えます。

最後に、作成した画像を「img/0」ディレクトリ内に保存します。

SOURCE CODE | chapt02-1.pyのコード

```python
# ファイル名で検索してループ
for i, fn in enumerate(glob.glob("../resource/chapt02/background_???????.png")):
    # 読み込んでリサイズ
    back = cv2.imread(fn)
    back = cv2.resize(back, (224, 224), interpolation=cv2.INTER_CUBIC)
    # 90%のデータに対してノイズ画像を追加する
    if random.random() < 0.9:
        # ノイズ画像と物体のマスク
        noise, mask = vocdata[min(i, len(vocdata))]
        noise, mask = np.array(noise), np.array(mask)
        # 同じ大きさにリサイズする
        noise = cv2.resize(noise, (224, 224), interpolation=cv2.INTER_CUBIC)
        mask = cv2.resize(mask, (224, 224), interpolation=cv2.INTER_NEAREST)
        # 切り出すピクセルのリスト
        flag = (mask != 0)
        # 物体を切り出して背景画像に上書きする
        back[flag] = noise[flag]
    # Negative画像として保存
    cv2.imwrite("img/0/%d.png"%i, back)
```

◆ 最終的なソースコード

以上をつなげると、前処理用プログラムのソースコードは、次のようになります。

SOURCE CODE | chapt02-1.pyのコード

```python
# 必要なパッケージをインポート
import numpy as np
import random
import glob
import cv2
import torchvision

# ファイル名で検索してループ
for i, fn in enumerate(glob.glob("../resource/chapt02/rabit_???????.png")):
    # 読み込んでリサイズ
    back = cv2.imread(fn)
    back = cv2.resize(back, (224, 224), interpolation=cv2.INTER_CUBIC)
    # Positive画像として保存
    cv2.imwrite("img/1/%d.png"%i, back)

# VOCデータベースからマスク付き画像のデータをダウンロード
vocdata = torchvision.datasets.VOCSegmentation("./voc", download=True)

# ファイル名で検索してループ
for i, fn in enumerate(glob.glob("../resource/chapt02/background_???????.png")):
    # 読み込んでリサイズ
    back = cv2.imread(fn)
```

```
back = cv2.resize(back, (224, 224), interpolation=cv2.INTER_CUBIC)
# 90%のデータに対してノイズ画像を追加する
if random.random() < 0.9:
    # ノイズ画像と物体のマスク
    noise, mask = vocdata[min(i, len(vocdata))]
    noise, mask = np.array(noise), np.array(mask)
    # 同じ大きさにリサイズする
    noise = cv2.resize(noise, (224, 224), interpolation=cv2.INTER_CUBIC)
    mask = cv2.resize(mask, (224, 224), interpolation=cv2.INTER_NEAREST)
    # 切り出すピクセルのリスト
    flag = (mask != 0)
    # 物体を切り出して背景画像に上書きする
    back[flag] = noise[flag]
# Negative画像として保存
cv2.imwrite("img/0/%d.png"%i, back)
```

このコードをホームディレクトリ内の「chapt02/chapt02-1.py」として保存し、結果を格納するための「chapt02/img/0」「chapt02/img/1」ディレクトリを作成した後に実行します。

```
$ python3 chapt02-1.py
```

すると、「chapt02/voc」ディレクトリにPascal VOCデータセットがダウンロードされ、さらに「chapt02/img/0」「chapt02/img/1」ディレクトリ内に学習用の224ピクセル四方のPNG画像が保存されます。

●Negativeデータ（背景の画像そのままのもの）

●Negativeデータ（ノイズとして一般物体画像が追加されたもの）

●Positiveデータ（ぬいぐるみ（ペットなど）が写り込んだもの）

機械学習モデルの作成

⊙ 機械学習プログラムを作成する

学習のためのデータが準備できたら、次はニューラルネットワークを学習させて、ぬいぐるみ
の認識を行うモデルを作成します。

画像認識用のニューラルネットワークには色々な種類がありますが、ここでは、Jetson
Nano上で学習を行うため、軽量なMobileNetというモデルを試用します。また、ImageNetの
データを利用して事前に学習させたモデルの、畳み込み層をそのまま利用することで、効率
的な転移学習を行います。

◆ 必要なパッケージをインポート

まずは「chapt02-2.py」という名前のファイルを作成し、必要なパッケージをインポートします。
ここではニューラルネットワークを扱うフレームワークとしてPyTorchを利用するので、torchと
torchvisionからサブパッケージをインポートします。

必要となるパッケージは、次のようになります。

SOURCE CODE ‖ chapt02-2.pyのコード

```
# 必要なパッケージをインポート
import numpy as np
import tqdm
import torch
from torch import nn, optim, utils
from torchvision import models, transforms, datasets
```

さらに、学習する回数とバッチサイズを指定します。ここでは学習回数を3エポック、バッチ
サイズとして2を指定しました。

Jetson Nanoのメモリは機械学習用のGPUアクセラレータに比べると少ないですが、この
程度のバッチサイズであれば、問題なく学習を行うことができます。

学習回数は、あまり大きな数にすると過学習となってしまうので、小さめの数にします。

SOURCE CODE ‖ chapt02-2.pyのコード

```
# 学習パラメーター
num_epoch = 3  # エポック数
bs = 2  # バッチサイズ
```

この章での例のように、学習させるデータが変化に乏しい特定の例のみの場合、一般物
体の認識用に作成されたニューラルネットワークは、容易に過学習に陥ってしまうので、注意
が必要です。そのため、エポック数を多くしても、必ずしも画像認識の性能は向上しません。

また、背景の画像も含めて同じ環境で撮影したデータばかりになるので、畳み込み層につい
ては学習を行わず、全結合層のみを学習させる転移学習を行うことで、過学習を抑制します。

転移学習はニューラルネットワークの最終層だけを更新するものなので、エポック数が少なくても十分に学習が行われます。

◆ モデルの作成

次に、ニューラルネットワークのモデルを作成します。ここでは、ニューラルネットワークのモデルとして、軽量で組み込みやモバイル環境での利用を想定して作成去れば、MobleNetというニューラルネットワークを使用します。

ニューラルネットワークのモデルは、TorchVisionの「models.mobilenet_v2」から「pretrained=True」を指定することで作成します。

事前に学習済みのモデルを利用するので、最初にプログラムを実行する際には、インターネットからモデルファイルのダウンロードが実行されます。ダウンロードされたファイルは、自動的にローカルにキャッシュされます。

ダウンロードしたモデルは、1000クラス分類用のニューラルネットワークですが、ニューラルネットワークの最後の全結合層を、分類するクラスの数を出力数としたものに置き換えて使用します。

ここでは、ぬいぐるみが写っているかどうかの二択なので、出力のノード数を2とした全結合層を作成します。また、オリジナルのMobileNetと同じく、ドロップ率0.2のドロップアウト層も追加します。

SOURCE CODE | chapt02-2.pyのコード

```
# モデルを作成する
# 学習済みのMobileNetV2を作成する
model = models.mobilenet_v2( pretrained=True )
# 最後の層のみを、出力数1で置き換える
model.classifier = nn.Sequential(
        nn.Dropout(0.2),
        nn.Linear(model.last_channel, 2),
    )
```

モデルを作成したら、そのモデルをCUDAアクセラレータを利用するようにGPUメモリ上に配置します。それには、モデルの「cuda」関数を呼び出します。

そして、学習モードで実行するように「train」関数を実行したら、モデルの作成は完了です。

SOURCE CODE | chapt02-2.pyのコード

```
# CUDAコアのアクセラレータを使用して学習する
model.cuda()
model.train()
```

◆ 学習アルゴリズムの準備

次に、ニューラルネットワークを学習させるための損失関数と、アルゴリズムを選択します。ここで作成するニューラルネットワークは、単純なクラス分類モデルなので、損失関数として「nn.CrossEntropyLoss」に、学習アルゴリズムとして「optim.Adam」を選択します。

SOURCE CODE ‖ chapt02-2.pyのコード

```
# クラス分類用の学習アルゴリズム
error = nn.CrossEntropyLoss()
# 転移学習で全結合層のみを学習させる
optimizer = optim.Adam(model.classifier.parameters())
```

PyTorchの「nn.CrossEntropyLoss」は、LogSoftmax関数とNLLLoss関数を組み合わせた損失関数で、今回のようなクラス分類ニューラルネットワークの学習用としては一般的な損失関数です。

また、「optim.Adam」は、Adamアルゴリズムを実装しており、ニューラルネットワークに含まれるパラメーターのリストを引数に取ります。

ここでは、事前学習済みの畳み込み層については学習をさせず、新しく追加した全結合層のみ学習を行うので、「model.classifier.parameters()」を引数にして、全結合層のパラメーターのみ学習対象にします。

◆ 学習用データの読み込み

次に、学習用のデータを読み込むためのコードを作成します。PyTorchの流儀に従って、画像の変形など事前加工の方法も、ここで登録します。

ここでは、画像をランダムに左右反転する「transforms.RandomHorizontalFlip」と、画像をPyTorchのデータに変換する「transforms.ToTensor()」と、データの正規化を行う「transforms.Normalize」を用意し、「transforms.Compose」で1つのクラスにまとめておきます。

転移学習を行うので、データの正規化については、下記のPyTorchのドキュメントを参照し、データの額数字に使用された値を指定する必要があります。

URL https://pytorch.org/docs/stable/torchvision/models.html

SOURCE CODE ‖ chapt02-2.pyのコード

```
# 画像のピクセルを正規化するTransformsを作成する
transform = transforms.Compose([
    transforms.RandomHorizontalFlip(p=0.5),
    transforms.ToTensor(),
    transforms.Normalize(mean=[0.485, 0.456, 0.406],
                         std=[0.229, 0.224, 0.225])
])
```

PyTorchでは、DataSetでデータを定義し、DataLoaderクラスでバッチサイズごとのデータを読み込みますが、ここでは事前にファイルとして画像を用意しておいたので、「datasets.ImageFolder」から直接DataSetを作成します。

SOURCE CODE | chapt02-2.pyのコード

```python
# 「img」ディレクトリから画像を読み込むDataLoaderを作成する
dataset = datasets.ImageFolder("img", transform=transform)
loader = utils.data.DataLoader(dataset, batch_size=bs, shuffle=True)
```

◆ 学習を行う

そして、実際にデータを読み込み、ニューラルネットワークの学習を行います。それには、最初に指定した回数分のループを回し、その中で先ほど作成したDataLoaderからデータのみにバッチを取得します。

DataLoaderから取得されたデータは、そのままだとCPU側のメモリ上にあります。ここではCUDAアクセラレータ上で学習を行うので、データをGPUメモリ上に配置する必要があります。

SOURCE CODE | chapt02-2.pyのコード

```python
# 指定エポック分学習させる
for e in range(num_epoch):
    losses = []
    # ミニバッチを読み込む
    for inputs, labels in tqdm.tqdm(loader):
        # CUDAコア上に配置する
        x = inputs.cuda()
        y = labels.cuda()

        # ここに学習のコードを作成する

    # 現エポックの損失値を表示する
    print("Epoch %d: loss: %f"%(e,np.mean(losses)))
```

そして、ニューラルネットワークにデータを与えて実行し、その結果と正解のデータから損失関数を呼び出して逆伝播を行います。

それには、上記のコードで「# ここに学習のコードを作成する」となっている箇所に、次のコードを作成します。

SOURCE CODE | chapt02-2.pyのコード

```python
# ニューラルネットワークを実行する
optimizer.zero_grad()
outputs = model(x)

# 損失を求める
loss = error(outputs, y)

# 逆伝播させる
loss.backward()
optimizer.step()

# 損失の値を保存しておく
losses.append(loss.item())
```

◆ モデルを保存する

　最後に、学習させたニューラルネットワークのモデルをファイルに保存して、学習プログラム
は完成です。

　ニューラルネットワークのモデルはこの時点でGPUメモリ上にあるので、「model.state_dict
( ) 」からステータスを取り出して保存する必要があります。

SOURCE CODE ‖ chapt02-2.pyのコード

```
# 学習したモデルを保存する
torch.save(model.state_dict(), "chapt02-mobilenet.model")
```

◆ 最終的なコード

　以上のコードをつなげると、最終的な学習プログラムのソースコードは、次のようになります。

SOURCE CODE ‖ chapt02-2.pyのコード

```
# 必要なパッケージをインポート
import numpy as np
import tqdm
import torch
from torch import nn, optim, utils
from torchvision import models, transforms, datasets


# 学習パラメーター
num_epoch = 3  # エポック数
bs = 2  # バッチサイズ


# モデルを作成する
# 学習済みのMobileNetV2を作成する
model = models.mobilenet_v2( pretrained=True )
# 全結合層のみを、出力数1で置き換える
model.classifier = nn.Sequential(
        nn.Dropout(0.2),
        nn.Linear(model.last_channel, 2),
    )
# CUDAコアのアクセラレータを使用して学習する
model.cuda()
model.train()


# クラス分類用の学習アルゴリズム
error = nn.CrossEntropyLoss()
# 転移学習で全結合層のみを学習させる
optimizer = optim.Adam(model.classifier.parameters())


# 画像のピクセルを正規化するTransformsを作成する
transform = transforms.Compose([
    transforms.RandomHorizontalFlip(p=0.5),
    transforms.ToTensor(),
```

```
        transforms.Normalize(mean=[0.485, 0.456, 0.406],
                              std=[0.229, 0.224, 0.225])
])
# 「img」ディレクトリから画像を読み込むDataLoaderを作成する
dataset = datasets.ImageFolder("img", transform=transform)
loader = utils.data.DataLoader(dataset, batch_size=bs, shuffle=True)

# 指定エポック分学習させる
for e in range(num_epoch):
    losses = []
    # ミニバッチを読み込む
    for inputs, labels in tqdm.tqdm(loader):
        # CUDAコア上に配置する
        x = inputs.cuda()
        y = labels.cuda()

        # ニューラルネットワークを実行する
        optimizer.zero_grad()
        outputs = model(x)

        # 損失を求める
        loss = error(outputs, y)

        # 逆伝播させる
        loss.backward()
        optimizer.step()

        # 損失の値を保存しておく
        losses.append(loss.item())

    # 現エポックの損失値を表示する
    print("Epoch %d: loss: %f"%(e,np.mean(losses)))

# 学習したモデルを保存する
torch.save(model.state_dict(), "chapt02-mobilenet.model")
```

このコードを実行すると、コンソールに次のような進捗が表示され、学習が進行します。

●進捗の表示

```
nama@nama-jetson: ~/chapt02
nama@nama-jetson:~/chapt02$ python3 chapt02-2.py
/usr/local/lib/python3.6/dist-packages/torchvision-0.5.0a0+b8ef532-py3.6-linux-a
arch64.egg/torchvision/io/_video_opt.py:17: UserWarning: video reader based on f
fmpeg c++ ops not available
100%|                                            | 1050/1050 [04:50<00:00,  3.62it/s]
Epoch 0: loss: 0.494943
100%|                                            | 1050/1050 [04:46<00:00,  3.67it/s]
Epoch 1: loss: 0.494244
 54%|                                            | 565/1050 [02:33<02:19,  3.48it/s]
```

　合計2100枚の学習画像があるときに、Jetson Nano上で学習を行う場合、1エポックあたり5分程度の時間がかかります。

　速度を制限する主要な要因はmicroSDカードからの画像の読み込み速度になっており、メモリの少ないJetson Nano上での機械学習における制約となります。

　この学習については、Jetson Nano上で行わずとも、別のPC上で学習を行って結果となるモデルファイルだけをJetson Nano上に配置しても構いません。

SECTION-008

Twitterボットの作成

● Twitter APIの登録

ニューラルネットワークの学習が終わったら、画像認識AIとJetson Nanoのカメラを組み合わせて、ぬいぐるみ（ペットなど）がカメラに写ったらその写真をTwitterに投稿するTwitterボットを作成します。

ここでは、Twitterアカウントは作成済みであり、すでにログインしているるものとして進めます。

◆ 認証キーの取得

Twitterボットを作成するためには、Twitterアカウントに対して、APIを通じた投稿などを許可するための認証キーを作成する必要があります。

認証キーの取得は、下記のTwitterアプリのページから行います。アカウントがアプリのデベロッパーアカウントとして登録されていない場合は、まずアカウントの設定を行います。

URL https://apps.twitter.com

そしてログインすると、次のような画面が表示されるので、「Create an app」ボタンをクリックします。

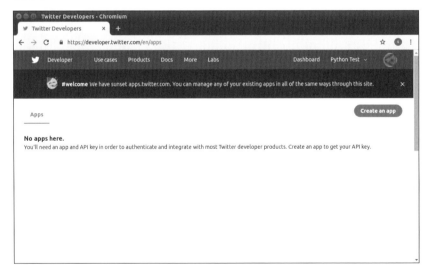

その後、作成するTwitterアプリの情報を求められるので、アプリの名前と説明文、Webサイトとコールバック用のURL、アプリの用途を入力します。

アプリの名前は好きな名前を付けて構いません。また、Webサイトとコールバック用のURLには適当なURLを記載しても構いません。説明文と用途は英語で記述する必要があります。

アプリの情報を入力した後、「Create」ボタンをクリックすると、次のようにTwitterアプリの設定画面が開きます。

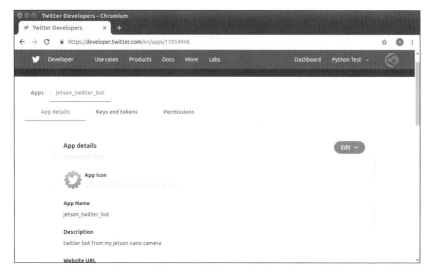

ここで、「Keys and tokens」をクリックし、認証キーの画面を開きます。

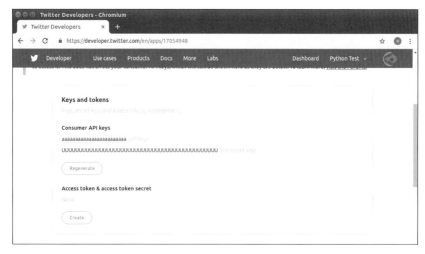

そして、「Access token & access token secret」の欄にある「Create」をクリックすると、認証キーが作成されます。

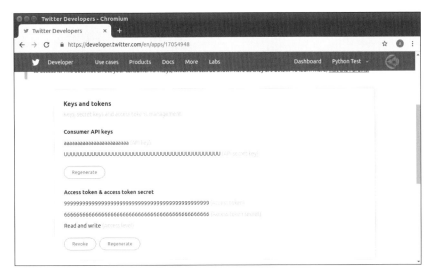

上記の画面にある、「API Key」「API secret key」「Access token」「Access token secret」の4つの文字列が、APIを通じてTwitterにアクセスするために必要となる情報です。これらのキーが作成できたら、4つともメモなどに保存しておきます。

Twitter投稿プログラムの作成

Twitter APIの認証キーを取得したら、実際にカメラからの画像を認識して、Twitterに投稿するプログラムを作成します。

◆ 必要なパッケージをインポート

まず、必要なパッケージをインポートし、Twitter APIの認証キーを用意します。

ここでは、OpenCVの関数を利用してカメラにアクセスするので、cv2パッケージをインポートする必要があります。また、Twitterへの投稿に必要となるパッケージは、CHAPTER 01でインストールしたtweepyです。その他、画像の認識に必要なパッケージをインストールするコードは、次のようになります。

SOURCE CODE | chapt02-3.pyのコード

```python
from PIL import Image
import cv2
import torch
from torch import nn
from torchvision import models, transforms
import tweepy
from time import sleep
import os
```

そして、Twitter APIの認証キーを変数に保存しておきます。ここで用意する変数には、前項に取得した「API Key」「API secret key」「Access token」「Access token secret」の4つの文字列に置き換えます。

SOURCE CODE | chapt02-3.pyのコード

```
# Twitter API用の認証キー
consumer_key = 'XXXXXXXXXXXXXXXXXXXX'
consumer_secret = 'XXXXXXXXXXXXXXXXXXXXXXXXXXXXXXXXXXXXXXXXXXXXXX'
access_token = '9999999-XXXXXXXXXXXXXXXXXXXXXXXXXXXXXXXXXXXXXXXXXXX'
access_token_secret = 'XXXXXXXXXXXXXXXXXXXXXXXXXXXXXXXXXXXXXXXXXXX'
```

◆ カメラモジュールの準備

次に、カメラモジュールを利用して写真を撮影できるようにします。

カメラモジュールは、動画で連続したフレームを撮影できるので、その中から1フレームを取得することで、写真の撮影とします。

カメラモジュールからの画像は、GSTという仕組みを利用して取得します。GSTでは、コマンドとして実行できるいくつかのプログラムを接続して、カメラモジュールから出力されるビデオデータを、プログラムから扱うことができるデータ形式に変換するストリームを作成します。

最初にカメラモジュールからデータを取得するのは、nvarguscamerasrcというプログラムで、その後はデータの形式をOpenCVの画像形式へと変換し、アプリケーションで利用できるような出力を作成しています。

nvarguscamerasrcの詳しいオプションについては、下記のNVIDIAのドキュメントから参照することができます。

URL https://docs.nvidia.com/jetson/archives/l4t-archived/l4t-322/
index.html#page/Tegra%2520Linux%2520Driver%2520
Package%2520Development%2520Guide%2Fjetson_
xavier_camera_soft_archi.html%23wwpID0E0OC0HA

ここでは高速化のため、最大解像度ではなく、320×240ピクセル、30fpsでカメラを起動するように設定しています。

SOURCE CODE | chapt02-3.pyのコード

```
gst = "nvarguscamerasrc ! " \
    "video/x-raw(memory:NVMM),width=320,height=240," \
    "framerate=30/1,format=NV12 ! " \
    "nvvidconv ! " \
    "video/x-raw,format=BGRx ! " \
    "videoconvert ! " \
    "appsink drop=true sync=false"
```

そして、OpenCVの「cv2.VideoCapture」関数を利用して、動画のキャプチャを行えるようにします。

SOURCE CODE ‖ chapt02-3.pyのコード

```
# OpenCVのビデオキャプチャでカメラを開く
video_capture = cv2.VideoCapture(gst, cv2.CAP_GSTREAMER)
```

以降は、この「video_capture」変数から、カメラモジュールにアクセスすることができます。

◆ カメラから画像を取得する

そして、カメラモジュールから画像を1フレームずつ撮影して、静止画の画像を作成します。ここでも、カメラモジュールの設置向きに対応したコードを作成します。

まず、「FLIP_CAMERA」という変数を作成し、カメラモジュールを上下逆に設置する場合は「True」になるようにソースコードから設定します。

そして、先ほど作成した「video_capture」変数から「read」関数で画像を読み込み、必要な画像の変形を行います。

最後に、PillowのImage型で返せば、カメラモジュールから画像を1フレーム撮影して、画像として返す関数は、次のようになります。

SOURCE CODE ‖ chapt02-3.pyのコード

```
FLIP_CAMERA = True  # 上下反転させる場合True
# カメラから1フレーム画像を取得する
def get_frame():
    # カメラからキャプチャする
    ret, frame = video_capture.read()
    # 画像を正しい形式に変形する
    if FLIP_CAMERA:  # カメラの向きに対応
        frame = cv2.flip(frame, 0)  # 上下反転
    small_frame = cv2.resize(frame, (224, 224))
    capture_frame = small_frame[:, :, ::-1]
    # PillowのImageで返す
    return Image.fromarray(capture_frame)
```

ここで、「FLIP_CAMERA」変数の値は、実際にカメラモジュールを設置した向きに合わせて修正してください。正しい変数の値は、カメラモジュールを正規の向きで取り付けている場合は「False」、上下逆に取り付けている場合は「True」となります。

◆ Twitterに投稿する

撮影した画像を、Twitterに投稿する機能も、関数として作成しておきます。

ここでは次のように、引数として与えられた画像を、いったん「/tmp/tmp.png」というファイルに保存しておき、tweepyの関数を呼び出してログインし、Twitterに投稿します。

投稿の、文章の方は「update_with_media」関数の「status」引数で設定できますが、ここでは固定で「今の状況」とだけ書き込むようにしました。

SOURCE CODE	chapt02-3.pyのコード

```python
# 撮影した写真を投稿する
def tweet_picture(image):
    # ファイルを保存しておく
    image.save("/tmp/tmp.png")
    # Twitter APIにログインする
    auth = tweepy.OAuthHandler(consumer_key, consumer_secret)
    auth.set_access_token(access_token, access_token_secret)
    api = tweepy.API(auth)
    # Twitterに写真を投稿する
    api.update_with_media("/tmp/tmp.png", status="今の状況")
```

◆ 保存したモデルを読み込む

　そして、先ほど学習し保存しておいた、ニューラルネットワークのモデルを読み込んで実行できるようにします。

　そのためには、先ほどと同様に「models.mobilenet_v2」からMobileNetのモデルを作成し、全結合層をノード数を変えたものに入れ替え、「load_state_dict」関数でファイルからステータスを読み込みます。

　読み込んだニューラルネットワークのモデルは、CUDAアクセラレータ上で実行できるように、GPUメモリ上に配置します。

　さらに、学習ではなく実行モードでニューラルネットワークを使用するために、「eval」関数を呼び出しています。これにより、モデル内のDropoutやBachNormarizationなどが無効になり、モデルを認識用に実行できるようになります。

SOURCE CODE	chapt02-3.pyのコード

```python
# モデルを作成する
# 学習済みのMobileNetV2を作成する
model = models.mobilenet_v2( pretrained=True )
# 最後の層のみを、出力数1で置き換える
model.classifier = nn.Sequential(
        nn.Dropout(0.2),
        nn.Linear(model.last_channel, 2),
        )
# 保存したモデルを復元する
model.load_state_dict(torch.load("chapt02-mobilenet.model"))
# CUDAコアのアクセラレータを使用して実行する
model.cuda()
model.eval()
```

　ニューラルネットワークへの入力には、画像のピクセルを正規化する必要があるので、先ほどと同様にTorchVisionのtransformsパッケージの機能を利用しますが、学習時とは異なり、画像をランダムに左右反転させる「transforms.RandomHorizontalFlip」は使用しません。

SOURCE CODE ║ chapt02-3.pyのコード

```
# 画像のピクセルを正規化するTransformsを作成する
transform = transforms.Compose([
    transforms.ToTensor(),
    transforms.Normalize(mean=[0.485, 0.456, 0.406],
                         std=[0.229, 0.224, 0.225])
])
```

◆ 認識ループと感度設定

　プログラムは、Twitterボットとして実行されるので、終了せずに画像認識と判定を繰り返します。

　まず、先ほど作成した「get_frame」関数を呼び出してカメラから画像を撮影し、ピクセルの正規化とミニバッチの作成を行ったあと、ニューラルネットワークのモデルに入力します。

　ここではサイズが1のミニバッチを作成し、1枚1枚の撮影ごとにニューラルネットワークを実行します。

　そして、その結果をNumpyの配列として取得したら、出力のノードの値をチェックして、大きなノードの場所を、ニューラルネットワークの認識結果とします。

　ここではPositiveかNegativeかの二値しかないので、単純にインデックス0番のバッチにある、最初のノードと二番目のノードを比べれば、ニューラルネットワークの認識結果を得ることができます。

　理想的に学習されたニューラルネットワークの場合、最初のノードより二番目のノードの値が大きければ、Positiveとして認識しているということになりますが、ここではダミーのデータをNegative側の教師データとしているため、誤認識が起こりやすい傾向のニューラルネットワークが出来上がります。

　そのため、ニューラルネットワークの実行結果に対してバイアスをかけて、画像を認識する感度を設定できるようにします。ここでは次のように、最初のノードと二番目のノードの値の差が、3.0以上であればPositiveと認識するようにしました。

　この3.0という感度は、やや大きめの値で、結果としてNegative寄りの認識を行うようになります。

　画像認識AIは動画の各フレームを認識しているので、Positive時に数フレームの認識落ちがあってもTwitterボットとしては正常に動作します。一方、Negative時に誤認識があると、正しくない画像が投稿されるので、Negative寄りの認識を行う方がTwitterボットとしては良好に動作します。

　この感度の値は、使用するニューラルネットワークの種類、学習データの収集に使用したカメラの設置場所と実際の場所との違いや、時間帯による明るさや光の違い等によって変わってくるので、実際の運用時に得られた結果を基に、チューニングしていく必要があります。

```
SOURCE CODE    chapt02-3.pyのコード
```

```python
# 無限ループ
while True:
    pil_image = get_frame()  # 写真を撮影
    image = transform(pil_image)  # 正規化
    image = torch.tensor(image).cuda()  # GPUメモリ上に
    image = image.reshape((1,3,224,224))  # ミニバッチ作成
    output = model(image)  # ニューラルネットワーク実行
    output = output.detach().cpu().numpy()  # CPUメモリ上に
    pred = output[0][1] - output[0][0]  # 認識結果
    if pred > 3.0:  # 感度設定
        tweet_picture(pil_image)  # 画像を投稿
        sleep(600)  # 10分待つ

# 終了コード（実行されない）
video_capture.release()
```

　ニューラルネットワークの認識結果がPositiveであれば、「tweet_picture」関数を呼び出して画像をTwitterに投稿します。

　最後に、無限ループがあるので実行されませんが、カメラモジュールを開放するコードも記載しておきます。

◆ 最終的なコード

　以上の内容をすべてつなげると、学習済みのニューラルネットワークのモデルを読み込み、カメラからの画像を認識してTwitterに投稿するプログラムは、次のようになります。

```
SOURCE CODE    chapt02-3.pyのコード
```

```python
from PIL import Image
import cv2
import torch
from torch import nn
from torchvision import models, transforms
import tweepy
from time import sleep
import os

# Twitter API用の認証キー
consumer_key = 'XXXXXXXXXXXXXXXXXXXXX'
consumer_secret = 'XXXXXXXXXXXXXXXXXXXXXXXXXXXXXXXXXXXXXXXXX'
access_token = '9999999-XXXXXXXXXXXXXXXXXXXXXXXXXXXXXXXXXXXXXXXX'
access_token_secret = 'XXXXXXXXXXXXXXXXXXXXXXXXXXXXXXXXXXXXXXXX'

gst = "nvarguscamerasrc ! " \
    "video/x-raw(memory:NVMM),width=320,height=240," \
    "framerate=30/1,format=NV12 ! " \
    "nvvidconv ! " \
```

```
            "video/x-raw,format=BGRx ! " \
            "videoconvert ! " \
            "appsink drop=true sync=false"
# OpenCVのビデオキャプチャでカメラを開く
video_capture = cv2.VideoCapture(gst, cv2.CAP_GSTREAMER)

FLIP_CAMERA = True  # 上下反転させる場合True
# カメラから1フレーム画像を取得する
def get_frame():
    # カメラからキャプチャする
    ret, frame = video_capture.read()
    # 画像を正しい形式に変形する
    if FLIP_CAMERA:  # カメラの向きに対応
        frame = cv2.flip(frame, 0)  # 上下反転
    small_frame = cv2.resize(frame, (224, 224))
    capture_frame = small_frame[:, :, ::-1]
    # PillowのImageで返す
    return Image.fromarray(capture_frame)


# 撮影した写真を投稿する
def tweet_picture(image):
    # ファイルを保存しておく
    image.save("/tmp/tmp.png")
    # Twitter APIにログインする
    auth = tweepy.OAuthHandler(consumer_key, consumer_secret)
    auth.set_access_token(access_token, access_token_secret)
    api = tweepy.API(auth)
    # Twitterに写真を投稿する
    api.update_with_media("/tmp/tmp.png", status="今の状況")


# モデルを作成する
# 学習済みのMobileNetV2を作成する
model = models.mobilenet_v2( pretrained=True )
# 最後の層のみを、出力数1で置き換える
model.classifier = nn.Sequential(
            nn.Dropout(0.2),
            nn.Linear(model.last_channel, 2),
        )
# 保存したモデルを復元する
model.load_state_dict(torch.load("chapt02-mobilenet.model"))
# CUDAコアのアクセラレータを使用して実行する
model.cuda()
model.eval()


# 画像のピクセルを正規化するTransformsを作成する
transform = transforms.Compose([
    transforms.ToTensor(),
```

```
    transforms.Normalize(mean=[0.485, 0.456, 0.406],
                          std=[0.229, 0.224, 0.225])
])

# 無限ループ
while True:
    pil_image = get_frame()  # 写真を撮影
    image = transform(pil_image)  # 正規化
    image = torch.tensor(image).cuda()  # GPUメモリ上に
    image = image.reshape((1,3,224,224))  # ミニバッチ作成
    output = model(image)  # ニューラルネットワーク実行
    output = output.detach().cpu().numpy()  # CPUメモリ上に
    pred = output[0][1] - output[0][0]  # 認識結果
    print(pred)
    if pred > 3.0:  # 感度設定
        tweet_picture(pil_image)  # 画像を投稿
        sleep(600)  # 10分待つ

# 終了コード（実行されない）
video_capture.release()
```

このコードは、直接コンソールから実行するか、第1章の内容を参考にサービスとして登録し、Jetson Nanoの起動時に実行されるように設定します。

そして、Jetson Nanoのカメラモジュールの前に、学習させたぬいぐるみ（ペットなど）が近づくと、次のようにTwitterに写真が投稿されます。

●Twitterに投稿するところ

また、ぬいぐるみがカメラの前にあっても、学習させたぬいぐるみと異なるぬいぐるみの場合は、ニューラルネットワークはPositiveと認識しません。

●違うぬいぐるみは認識しない

CHAPTER 03

ペット用自動ドアの作成

ペット用自動ドアの概要

⊙ 想定する使い方

前章では、Jetson Nanoに搭載されたCUDAアクセラレータを活用する、主にソフトウェアの側面に焦点を当てた機械学習モデル開発をテーマにしました。

この章では、組み込み用途での利用に焦点を当て、ハードウェア側の開発をテーマにした、ペット用自動ドアの作成を行います。機械学習モデルの開発はテーマではないので、前章で作成したものと同じ機械学習モデルを使用して、カメラからぬいぐるみを認識し、その結果に従って自動でドアを開く、という処理を行います。

◆ 作成するドアの概要

この章で作成する自動ドアは、あまり大きなサイズのものではなく、小型のペットが通れる程度の大きさを想定しています。ドアそのものは、木工作で作成して、市販のモーターとギアボックスをJetson Nanoから制御することで、ドアの開閉を行います。

本書では前章と同じく、ペットの代わりにぬいぐるみを使用して開発を行います。そして、Jetson Nanoに接続したカメラの前にぬいぐるみが登場すると、自動ドアのドア部分が開く、という動作を想定します。

安全面から配慮すべきポイントについては、本文中でもある程度の注意点は解説していますが、実際のペットに対してハードウェアを提供する場合は、ギアボックスなどの稼働部品にカバーを付けるなど、より厳重な安全対策を行ってください。

●ペット用自動ドアの概要

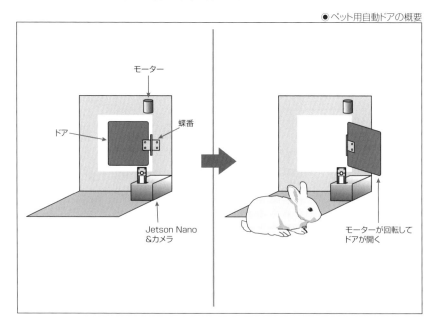

モーターを使った電子工作

　本章では稼働するドアを実現するために、モーターを使います。電気で回転するモーターは、可動部を持つ工作には欠かせない部品ですが、Jetson Nanoのような組み込みコンピュータからモーターを制御する際にはいくつかの注意点が必要なので、ここではそれについて解説します。

◆DCモーターとギアボックス

　まず、本書では一般的に市販されているDCモーターというモーターを使用します。このモーターは単純に、直流の電気を通せば中央の軸が回転するという部品で、電気の流す向きを変えれば逆向きに回転させることができます。

　ただし、通常のDCモーターでは、回転数や回転の角度を精密に制御することはできません。そのような用途には、ステッピングモーターという種類のモーターを使います。

●DCモーターの回転方向

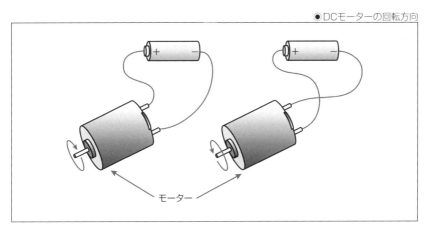

モーター

　DCモーターにたくさんの電流を流せば、その分だけ大きな力を取り出すことができます。しかし、通常のDCモーターではトルク（回転する力）が少ないので、ギアを使って、回転の速度を小さくする代わりにトルクを大きくして使用します。

　DCモーターと、それに接続するギアは、このような工作向けにキットになったものが市販されているので、それを使用します。ここでは、モーターには、タミヤが発売している、FA-130という型番のモーターを、ギアには同じくタミヤが発売している、楽しい工作シリーズNo.93の、3速クランクギヤーボックスセット、という製品を使用します。

　この製品は、複数のギヤからなる減速回路がキットになっており、クランク軸から力を取り出すことができるため、本章で作成するような稼働するドアの動力源として利用することができます。

●タミヤ『楽しい工作シリーズNo.93』3速クランクギヤーボックスセット

モーターの制御

モーターは、電気の力を実際の物理的な動作に変換する部品ですが、そのためにはたくさんの電流を流す必要があります。また、モーターの原理から、モーターに流れる電流は短時間のON/OFFを繰り返すことになり、電源回路に大きな負担がかかります。

そのため、Jetson Nanoのような制御コンピュータの電源と、モーターの電源を同じ系統で作成してしまうと、モーターから発生する電気的なノイズが、電源回路を通じてコンピュータ側へと伝わり、コンピュータの誤動作を引き起こしてしまう場合があります。

◆ モータードライバとは

そのため、コンピュータの出力からモーターに流れる電流を制御する場合、モータードライバという回路を使って、制御側の電源回路とモーター側の電源回路を分離します。

モータードライバは、原理的には次の図のように、4つのスイッチとそのスイッチを制御する回路からなっています。

● モータードライバ

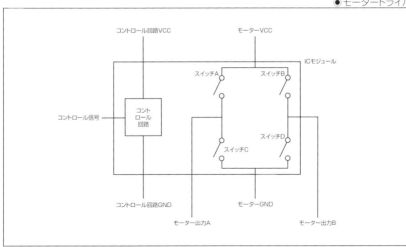

ここで、VCCはプラス側の電源を、GNDはマイナス側の電源を表し、電流はVCCからGNDの方向へ、回路を伝って流れます。

　モーターは、モータードライバの出力A、Bに接続され、内部のスイッチの動作によって、モーターに流れる電流の方向が変わります。

　内部のスイッチを上の回路図のように、スイッチA、B、C、Dとすると、スイッチAとDがONでBとCがOFFの場合、モーターには出力AからB（右から左）の方向で電流が流れます。また、スイッチBとCがONでAとDがOFFの場合は逆向きに電流が流れます。

● モータードライバの動作

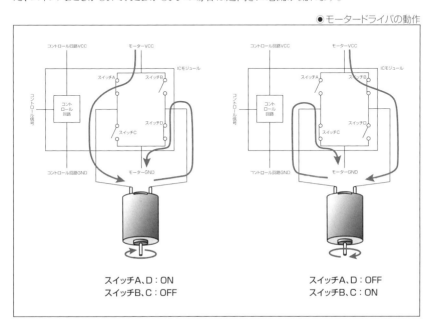

また、コントロール回路は、入力されたコントロール信号に従って、それぞれのスイッチの動作をコントロールします。これによって、モーターの回転方向をコントロール信号で制御することができるわけです。

ここで重要なのが、コントロール回路の電源とモーター用の電源では、別の電源系統（GNDは共通でコントロール回路側は信号線の入力のみとする場合もあります）を使用していることです。コントロール回路とモーターの電源を別々に分離することで、モーターからのノイズが電源回路を伝ってコントロール信号に入り込まないようにすることができます。

なお、ここでは機械的なスイッチのように回路図を作成していますが、実際には多くの場合、スイッチ部分もトランジスタなど半導体でできた素子で作成し、1つの部品としてパッケージングされたIC（集積回路）を使います。

◆ 電源回路

モータードライバを使用したとしても、電源回路を適切に分離しなければ、モーターから伝わるノイズを防ぐことはできません。

モーターが発生するノイズからコンピュータを保護するには、電源回路に適切なフィルターを入れる、レギュレーター回路を使用して異なる電圧を作成する、スイッチング回路を利用して電源を分離する、などの方法があります。

ここでは最も単純に、コンピュータ用の電源とモーター用の電源に、2つの電源回路を使用することにします。電源にはACアダプタを使用します。Jetson Nanoにはカメラモジュールが必要なので、前章と同様に5V3.5AのACアダプタを使用しますが、モーター用にももう1つ、5V1AのACアダプタを使用します。

また、ACアダプタと回路とを接続するために、ACジャック（メス）を使用します。ACジャックについては、パネルに取り付けるタイプのものと、あらかじめ電源ケーブルが付いているタイプのものがありますが、ここではあらかじめ電源ケーブルが付いているタイプの物を使用します。

●DCジャックケーブル

　ACアダプタはどちらもスイッチングタイプのものを使用します。そうすることで、両方の電源が、スイッチング回路を利用して電源を分離した場合と同等になり、電源回路からノイズが混入することはできなくなります。

　なお、それぞれのACアダプタは、結局、同じ電灯線に接続されるため、結局は同じ電源に接続されているともいえるでしょう。

　しかし、電灯線の交流100VとACアダプタの出力では、スイッチング回路により分離がなされているのと、電圧差が大きいため、ノイズが電灯線経由で別のACアダプタの出力まで到達することは、ほぼないといえます。

03
CHAPTER
ペット用自動ドアの作成

ペット用自動ドアの設計

● GPIOとは

GPIOとは、General Purpose Input/Outputの略で、その名の通り、汎用の入出力を行うことができる端子です。

USBなどの端子とGPIOの違いは、USBなどの端子はどのように信号を扱うかが規格として定められており、ハードウェアとしての端子も、その規格通りの動作しかしないように作成されています。

しかし、GPIOポートでは、端子への電圧の出力などを、プログラムから自由に操作することができます。

そのため、ソフトウェアの側でさまざまな通信規格に対応させることができるので、汎用的な入出力端子として利用することができます。

◆ Jetson NanoのGPIOポート

Jetson NanoのGPIOポートは、開発者キットの上にある2.54mmの汎用ピンに配線されています。

● GPIOポートのピン

このピンは、I2CやUARTといった、組み込み用途で使用されるチップ同士の接続インターフェイスと配線を共有しています。そのため、I2CやUARTに割り当てられているピンは、GPIOポートとしては使用することができません。

Jetson NanoにおけるGPIOポートのピン配置は、次の表のようになっています。

●GPIOポートのピン配置

BCM→	名前→	ピン番号		←名前	←BCM
3V3	3.3VDC	1	2	5.0VDC	5V
2	I2C_2_SDA	3	4	5.0VDC	5V
3	I2C_2_SCL	5	6	GND	GND
4	AUDIO_MCLK	7	8	UART_2_TX	14
GND	GND	9	10	UART_2_RX	15
17	UART_2_RTS	11	12	I2S_4_SCLK	18
27	SPI_2_SCK	13	14	GND	GND
22	LCD_TE	15	16	SPI_2_CS1	23
3V3	3.3VDC	17	18	SPI_2_CS0	24
10	SPI_1_MOSI	19	20	GND	GND
9	SPI_1_MISO	21	22	SPI_2_MISO	25
11	SPI_1_SCK	23	24	SPI_1_CS0	8
GND	GND	25	26	SPI_1_CS1	7
0	I2C_1_SDA	27	28	I2C_1_SCL	1
5	CAM_AF_EN	29	30	GND	GND
6	CPIO_PZ0	31	32	LCD_BL_PWM	12
13	CPIO_PE6	33	34	GND	GND
19	I2S_4_LRCK	35	36	UART_2_CTS	16
26	SPI_2_MOSI	37	38	I2S_4_SDIN	20
GND	GND	39	40	I2S_4_SDOUT	21

この表における、中央の2列が、Jetson Nano上の物理的なピンに対応しています。

そして、その右側と左側の2列ずつが、中央の列のピンに対応する、GPIOモードと、OSのドライバを通じてI2CやUARTを扱うモードでの、ピンに割り当てられた機能の名前です。

「名前」の列にあるのが、I2CやUARTを扱うモードにおける、対応する通信規格での配線の名前となり、「BCM」の列にあるのが、GPIOポートで動作する際の、GPIOポートの番号となります。

電源と接地については、「名前」の列と、「BCM」の列で、3V3と3.3VDCのように異なる名前になっていますが、共通のもので、3.3VのIOポート用電源と、5VのJetson Nanoの電源からの配線が用意されています。

このピン配置は、Raspberry Piのものとできるだけ共通するように割り振られており、ある程度はRaspberry Pi向けのパーツを流用できるように工夫されています。

◆ PythonプログラムからGPIOを制御する

さて、プログラムからGPIOポートを操作するためには、プログラムの開発環境にOSのドライバを経由してGPIOポートにアクセスするためのライブラリを用意しなければなりません。

GPIOポートにアクセスするための、Python向けのパッケージについては、CHAPTER 01の35ページで「Jetson.GPIO」をインストールしています。

このパッケージを使うには、まずPythonプログラム内で、「Jetson.GPIO」パッケージをインポートします。

```
import Jetson.GPIO as GPIO
```

そして、ピンの動作を、GPIOポートとして動作するように設定します。それには、GPIOパッケージの「setmode」関数を呼び出します。

```
GPIO.setmode(GPIO.BOARD)
```

「GPIO.BOARD」というのは、GPIOポートの番号を、先ほどの表のボード上の物理的なピン番号を指定する指定する、という意味です。その他にも、BCM番号を指定する「GPIO.BCM」も使うことができます。

本書では基本的に、GPIOポートの番号は物理的なピン番号して扱います。

◆ GPIOポートを使った入出力

後は、個別のピンに対して、その動作を、出力用か入力用かを設定します。

たとえば、11番のGPIOポートを、出力用のピンとして利用するには、次のようにピン番号と「GPIO.OUT」を指定して「setup」関数を呼び出します。

```
GPIO.setup(11, GPIO.OUT)
```

そして、次のように、「output」関数に、ピンの番号と出力する値を指定して呼び出すと、対応するピンへと指定した電圧が出力されます。

出力の値は、0Vを表す「GPIO.LOW」と、3.3Vを表す「GPIO.HIGH」の2つで、デジタルな出力のみとなります。

Jetson NanoのGPIOポートは、Raspberry Piなどに比べて出力可能な電流値が小さいので、LEDなどを直結して動作させる場合は注意が必要です。

```
GPIO.output(11, GPIO.LOW)
```

また、13番のGPIOポートを、出力用のピンとして利用するには、次のようにピン番号と「GPIO.IN」を指定して「setup」関数を呼び出します。

```
GPIO.setup(13, GPIO.IN)
```

ピンに与えられている電圧は、次のように「input」関数から取得できます。取得できる値は「0」か「1」で、電圧がかけられている場合は「1」となります。

```
is_on = GPIO.input(13) == 0
```

GPIOポートからの入力について、Raspberry Piなどと異なっているのは、Jetson NanoのGPIOポートには内部のプルアップ・プルダウン抵抗が存在しないことです。

そのため、必ず外部にプルアップ抵抗かプルダウン抵抗を付けなければなりません。プルアップ抵抗とは、次のように、電源と出力を抵抗器でつなぐ回路のことです。さらに、Jetson NanoのGPIOポートにはリーク電流が発生するので、プルアップ抵抗の抵抗値は正しく設定する必要があります。

一般的な、スイッチを使った入力回路では、3.3KΩ程度のプルアップ抵抗を接続すればよいでしょう。

● プルアップ抵抗

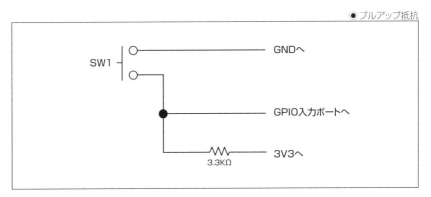

この回路はプッシュスイッチとプルアップ抵抗を使用しており、スイッチがONになっているときには、出力はスイッチを経由して接地するので、スイッチが押されているときにはGPIOポートの電圧は0Vとなります。

スイッチが押されていないときには、プルアップ抵抗を経由して電源の電圧が出力されるので、GPIOポートには3.3Vの電圧かけられます。

従って、先ほどのコードにおける、「is_on」変数は、スイッチが押されているときには「True」、押されていないときには「False」となります。

◉ ハードウェアの構成

　実際の工作に入る前に、自動ドアを動作させるために必要な構成を考えます。自動ドアに必要となるのは、ドアそのものと、そしてドアを動作させる機構です。

　ドアそのものについては、ドアを設置したい場所との兼ね合いもあるので、まずはドアを動作させる機構について、大まかな作成方針を考えます。

◆ 駆動系

　まず、自動ドアには、ドアを自動で動かすために、モーターが必要になります。

　モーターには減速のためのギアボックスとクランク軸が取り付けて、クランク軸が半回転するとそれに合わせてドアも開閉するように、ドアとクランク軸をリンクさせます。

　そして、ドアが開いているかと、閉じているかを認識するためのセンサーも必要になります。開閉センサーは、ドアを制御する際に、ドアを動かす必要がある間だけモーターに電流を流すために必要になります。

　ここでは簡便のため、センサーとしては通常のプッシュスイッチを使うこととし、クランク軸と連動してONになるように配置します。

　そして、クランク軸とドア本体は、ステーとリンクを使用して接続します。

　ここで作成するのは小型のペット用自動ドアなので、単にミシン糸でクランク軸とステーを結び付けることで、リンクとします。

●自動ドアの開閉機構

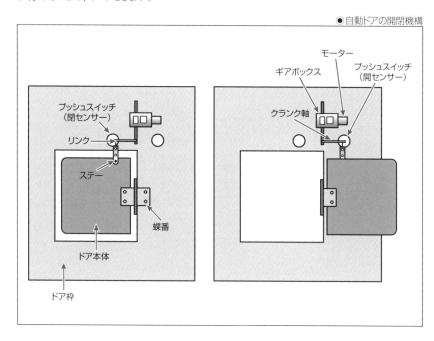

◆ 使用するモータードライバ

Jetson Nanoからモーターの動作を制御するには、モータードライバを使用します。

モータードライバを一から作成するのは大変なので、制御回路など必要なすべての要素が1つのパッケージに実装されている、モータードライバICを使用します。ここでは、TA8428KというモータードライバICを使用します。

●TA8428K

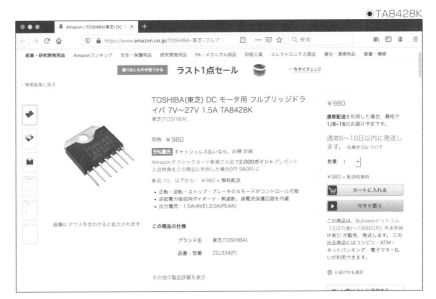

TA8428Kは、汎用的に使える小型のモータードライバICで、通販などでも入手しやすいため採用しました。TA8428Kは次のような7本のピンを持つICです。

●TA8428Kの外観

TA8428Kのデータシートは、製造元の東芝のサイトからダウンロードすることができます。

URL https://toshiba.semicon-storage.com/jp/product/linear/
motordriver/detail.TA8428K.html

データシートには、ピンの配置や、対応する電流の大きさなど、ICを使用するために必要となる情報が記載されています。TA8428Kのそれぞれのピンの役割は次のようになっています。

●TA8428Kの端子

ピン番号 1 2 3 4 5 6 7

ピン番号	端子名	機能説明
1	IN1	制御信号の入力線
2	IN2	
3	OUTA	モーター出力
4	GND	接地端子
5	OUTĀ	モーター出力
6	NC	接続なし
7	VCC	電源端子

制御信号

IN1	IN2	モーターの動作
High	High	ブレーキ
Low	High	正転
High	Low	逆転
Low	Low	停止

つまり、3番と5番のピンにモーターを接続し、7番と4番はVCCと接地、そして1番と2番のピンに、モーターの制御を行う信号を入力します。

TA8428Kでは制御回路とモーター用のVCCが同じピンになっていますが、このVCCにはモーター用の電源となるACアダプタを接続します。

制御信号はデジタルな二値の電圧で、Low（〜0.8V）かHigh（2.0V〜）のどちらかとなります。そして、1番と2番のピンのどちらかがHighであれば、モーターが回転するように、VCCから電源が供給されます。このピンは、Jetson NanoのGPIOポートに接続します。

そして、モーター用電源のGNDとJetson NanoのGNDを共通にしておけば、GPIOの出力に応じて0Vか3.3Vの電源が1番と2番のピンに入力されるので、Jetson Nanoからモーターの動作を制御できるようになります。

モーターの回転方向は、1番と2番のピンのどちらがHighであるかによります。1番と2番のピンのどちらもHight、またはどちらもLowの場合はモーターは動作しません。

なお、どちらもHightの場合のブレーキというのは、モーターの入力がともに接地している状態であり、モーターが回転する際に発生する逆起電力によって制動力が働く、という状態になります。そのため、止まっているモーターに対して、物理的に動かなくなるような力が働くわけではありません。

◆ 回路図

　使用するモータードライバの仕様を確認したら、実際にモーターを駆動する回路を設計します。

　まず、開閉センサーとなるプッシュスイッチには、スイッチの状態に従って電圧を出力するように、プルアップ抵抗を使います。プルアップ抵抗は、ドアが開いているときのスイッチと閉じているときのスイッチの2つ分が必要です。

　そして、モータードライバの制御信号へとつながる2つの配線も含めると、Jetson NanoのGPIOポートからは、入力2つ、出力2つと合計4つの配線が必要になります。

　また、モータードライバのVCCには、モーター駆動用の電源を接続する必要があります。

　GNDはJetson Nanoのものとモーター駆動用の電源とで共通ですが、プルアップ抵抗用に、Jetson Nano側から3.3Vの電源も取り出す必要があります。

　そのため、回路には、Jetson Nanoから6つの配線（GPIO×4、3V3、GND）と、モーター駆動用のACアダプタへ2つの配線（5V、GND）、モーターへ2つの配線、2つのスイッチへそれぞれ2つの配線が必要になります。

　Jetson Nano側で使用するGPIOポートは、物理ピン番号での7番（BCM4番）、11番（BCM17番）、13番（BCM27番）、15番（BCM22番）とし、7番と11番を出力用のピンに、13番と15番を入力用のピンにします。

　以上の回路をまとめると、本章で作成する電子工作部分の回路図は、次のようになります。

●回路図

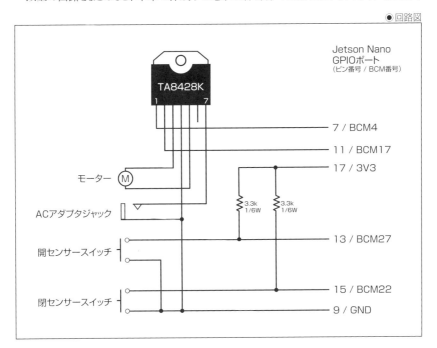

ソフトウェアの構成

ハードウェアの構成について、大まかな作成方針ができたので、次はドアを制御するソフトウェアの側について、動作アルゴリズムを考えます。

アルゴリズムの概要は、前章で作成したニューラルネットワークのモデルを使用し、Twitterボットの代わりにGPIOへと出力を行うものとなります。

●ソフトウェアの構成

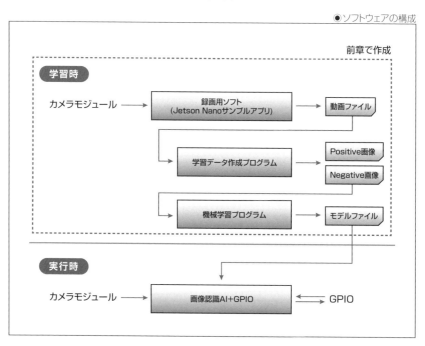

プログラムのアルゴリズムは単純なもので、画像認識でぬいぐるみが認識されたらモーターを開く方向へと動かし、開センサーとなるスイッチがONになるまで動かし続けます。その後、20秒間待ったあと、閉センサーがONになるまで反対の方向へとモーターを動かします。

ただし、安全対策として、長い時間モーターに力が加わり続けないようにします。これは、誤って何かが挟み込まれてしまった際に、挟んでしまったものへ加わる力を軽減するためと、スイッチが何らかの理由で作動しなかった際にモーターを保護するという役割があります。

ここでは、2秒以上は連続してモーターを動かし続けないようにします。また、一度ドアを開閉したら、次の動作まで20秒間待つようにしました。

●動作アルゴリズム

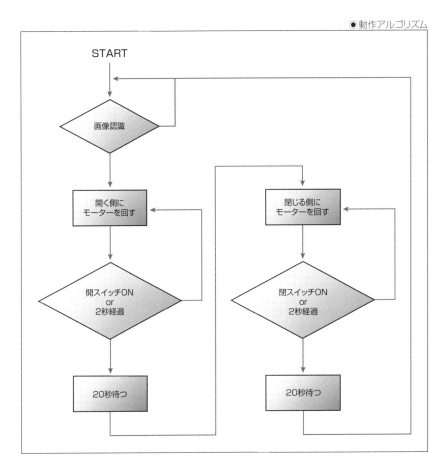

ペット用自動ドアの作成

◉ドア本体の作成

ペット用自動ドアの概要と、大まかな設計ができたので、実際にドア本体を作成し、Jetson Nanoから制御出来るように電子回路を接続します。

まずは、木工作でドア本体を作成しますが、自動で動作するハードウェアを作成するわけなので、誤動作による事故が起こらないように、安全対策を十分に取り入れた構造を採用します。

◆ドアとモーターの接続

まず、ドア本体については、木工作でドアの枠を作成し、蝶番でドア本体を接続します。

同時に、ドアの枠の、クランク軸の横に位置する場所にプッシュスイッチを設置し、クランク軸が回転したときにスイッチがONになるようにします。

●クランク軸とプッシュスイッチの位置

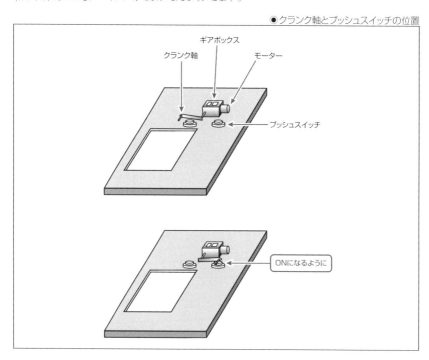

このスイッチの役割は、ドアを開けたり閉じたりしたときに、動作の完了を検出してモーターへ流す電流を制御するための、ドアの開閉センサーです。

そのため、ここで使用するプッシュスイッチは、押している間だけONになるタイプのもの（モーメンタリ動作タイプ）が必要になります。また、ドアの枠に取り付けるため、パネル取り付け形状をしているタイプのものを使用します。

そして、ドア本体はドアの枠に、蝶番で、反対側まで開くように取り付けます。

●ドア本体に蝶番を取り付ける

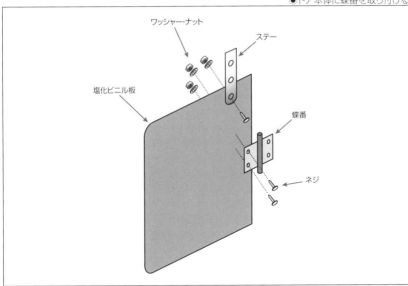

　そして、ギアボックスのクランク軸とドアを結び付けて、クランク軸が半回転すればドアが開くようにします。

　クランク軸とドア本体の接続は、ドア本体に取り付けたステーを、ミシン糸を使用したリンクでクランク軸に結びつけることで、連動させます。

●クランク軸とステーをリンクさせる

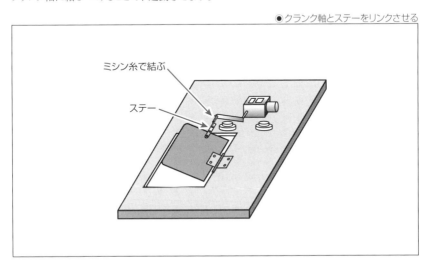

◆ 木工作でドア枠を作る

そのように作成した自動ドアのハードウェアは、次の写真のようになりました。

●ドア本体

ドアの枠については合板を使用していますが、ドア本体となる板材の方は、安全面を考え
て、力が加わると曲がる柔軟な素材を使用しています。ここでは、厚さ1mmの低発泡塩化ビ
ニル板をドア本体に使用しました。

●低発泡塩化ビニル板

　本章で作成する自動ドアには、物が挟まっていることを検知するセンサーや安全回路は備わっていないので、必ず、何かが挟まっても、ドアの素材の方が曲がることで力を逃すことができる、弱い素材でドア本体を作成する必要があります。

　さらに、ドア本体の大きさは、ペットがドアの枠との間に尻尾などを挟んで怪我をしないように、枠との間に2cmほどの隙間が空くサイズまでにします。

　また、ドアの角は丸く処理して、角が刺さらないようにします。

●ドアの板部分

　実際にペットなどのために作成する場合は、ドアを設置したい場所のサイズに合わせて、ホームセンターなどで木板をカットしてもらいます。

　ギアボックスは、キットの説明書に従い、低速ギアで組み立てて、モーターを取り付けておきます。また、クランクアームは出力シャフトの片側のみに取り付けます。

　そしてギアボックスを木ネジで取り付けたら、クランク回転するとONになるように、プッシュスイッチを取り付けます。

●クランク軸とステーのリンク

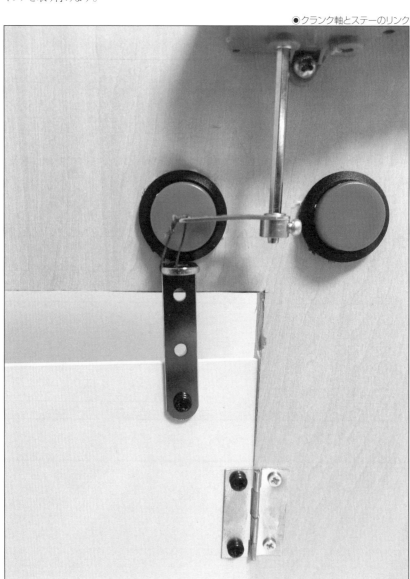

そして、ドア本体にステーを取り付け、ギアボックスのクランク軸と、ミシン糸で結び付けます。リンクとしてミシン糸を使うのは、これも安全対策で、蝶番に何かが挟まってしまった場合に、糸が切れることで無理な力が加わらないようにするためです。

そのため、あまり厳重に結ぶのではなく、一重だけ回して結び付けておきます。

🌐 回路を接続する

ドア本体が完成したら、次は半田ごてを使った、電子工作の側の製作に入ります。

電子工作で作成するのは、ユニバーサル基板上で作成するモータードライバ基盤と、モーター・スイッチ・ACアダプタジャック・Jetson Nanoへの配線です。

◆ ユニバーサル基板上に部品を配置する

モータードライバを含む回路図は107ページで作成したので、その回路図をもとに、どのようにユニバーサル基板上の配線を作成するかを、実体配線図として作成します。

ユニバーサル基板上に作成する必要があるのは、モータードライバICのTA8428Kと、プルアップ抵抗の3.3KΩ抵抗2つだけです。

●ユニバーサル基板の実体配線図（表側から見て）

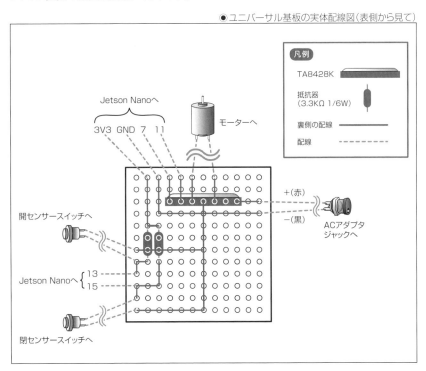

この実体配線図は、ユニバーサル基板上の表側から透視した図になります。

つまり、実体配線図に載っている部品は、基盤の表側に実装(ピンが裏側に抜ける)し、裏側の配線は表側から基盤を透視するように書いています。そのため、ユニバーサル基板を裏返すと、配線は左右逆になるので注意してください。

また、裏側の配線の交差する箇所は、配線同士がつながるように半田付けします。

ユニバーサル基板の大きさと、図の大きさが異なっている場合は、図の範囲のみを実装します。

実際にユニバーサル基板上に部品を実装し、配線を行ったものは、次のようになります。

●表側

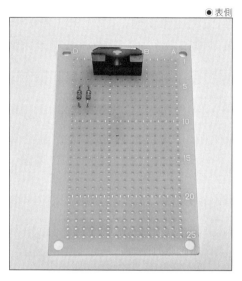

●裏側

◆リード線を引き出す

　ユニバーサル基板が完成したら、次はユニバーサル基板とモーター・スイッチ・Jetson Nanoへの配線を作成します。

　配線は、スイッチとモーターに接続する配線は、通常の配線材（ここでは24AWGのテフロン線を使用しました）を使用し、ユニバーサル基板とスイッチ・モーターの端子を直接、半田付けで接続します。

　また、Jetson Nanoへの配線は、オス-メスのジャンパワイヤを使用し、オス側をユニバーサル基板に半田付けし、Jetson Nano側へは、GPIOポートのピンにジャンパワイヤを差し込みます。

●オス-メスのジャンパワイヤを半田付けしたところ

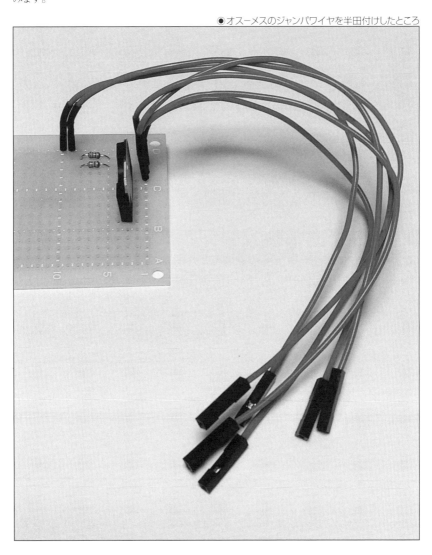

03
CHAPTER
ペット用自動ドアの作成

　ACアダプタジャックは、リード線付きのジャックを使用する場合は、赤色のリード線がプラス側で、上記の実体配線図上は上側のリード（TA8428Kの7番ピンに直結している方）となります。

　リード線付きではなく、パネルに取り付ける形のACアダプタジャックを使用する場合、ACアダプタの中心がプラス側になり、外側と接触する端子はマイナス側となります。

◆ 基盤とカメラを固定する

　以上で、ドア本体とJetson Nanoを含む、すべての配線が完了しました。

　配線が完了したら、ユニバーサル基板とJetson Nanoをドアの近くに固定します。ここでは次のように、木製のドアに直接、木ネジで基板を固定しました。

　そして、スイッチとモーターに、ユニバーサル基板からの配線を半田付けします。

●ユニバーサル基板を固定したところ

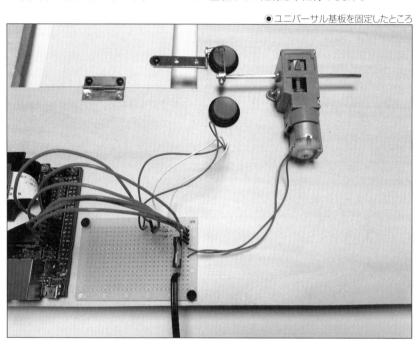

◉スイッチへ配線を半田付けしたところ（裏側）

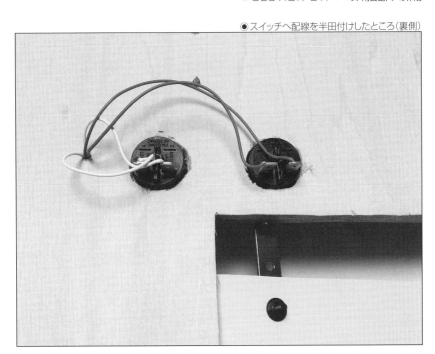

　後は、Jetson Nanoにカメラモジュールを接続し、そのカメラを、CHAPTER 02でニューラルネットワークの学習に使用したときの、設置予定位置になるように、固定します。

　ここでは、次のようにJetson Nano上のヒートシンクにタイバンドで固定しました。

◉Jetson Nanoとカメラモジュールを固定したところ

そのように作成した、ペット用自動ドアの全体の姿は、次のようになりました。

この自動ドアは、この後で作成する制御ソフトウェアを動かし、CHAPTER 02でニューラルネットワークの学習に使用したときの設置予定位置に配置することで、はじめて正しく動作することができます。

◉完成したペット用自動ドアの全体

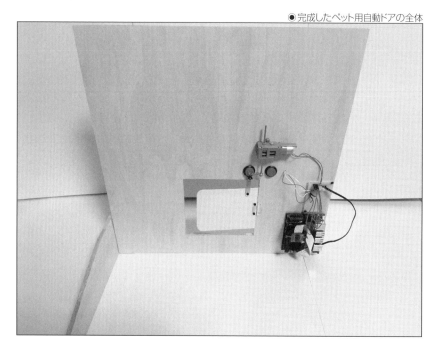

SECTION-012

ペット用自動ドアの制御

◉ カメラからの画像を認識する

この章のこれまでは、ペット用自動ドアのハードウェア側の開発について解説してきました。

組み込み開発では、ハードウェアが完成しても、それを制御するソフトウェアの準備が整っていなければ、実際の動作を確認することはできません。

この章のここからは、自動ドアを制御するソフトウェアの側の開発に移ります。

また、ここで作成するソフトウェアは、前章の「chapt02-3.py」のコードをもとにしています。ここでの解説は、主に「chapt02-3.py」のコードとの差分点のみに絞って行うことにします。

◆ Twitterの代わりにGPIOに出力する

この章で作成するペット用自動ドアは、Jetson Nanoに接続したカメラモジュールを使用して画像認識を行うので、制御ソフトウェアの骨格はCHAPTER 02で作成したTwitterボットと同じものとなります。

ただし、ソフトウェアの出力は異なっており、Twitterに写真を投稿する代わりに、GPIOポートへ信号を出力して、モーターを動作させます。出力するGPIOポートには、TA8428Kに繋がっている、BCM2番と3番です。

まずはプログラムの最初で、次のように7番と11番のポートを、出力用に設定します。また、13番と15番はスイッチからの入力に使用するので、そのポートも入力用に設定します。

SOURCE CODE || chapt03-1.pyのコード

```
# GPIOポートを設定する
import Jetson.GPIO as GPIO
GPIO.setmode(GPIO.BOARD)
GPIO.setup(7, GPIO.OUT)
GPIO.setup(11, GPIO.OUT)
GPIO.setup(13, GPIO.IN)
GPIO.setup(15, GPIO.IN)
```

そして、モーターの初期動作を停止状態にするために、出力用のGPIOポートの電圧を、両方とも「0」に設定しておきます。

SOURCE CODE || chapt03-1.pyのコード

```
# モーターの初期動作を停止状態にする
GPIO.output(7, GPIO.LOW)
GPIO.output(11, GPIO.LOW)
```

03
CHAPTER
ペット用自動ドアの作成

◆ モーターの回転方向

次に、GPIOポートを使用して、ドアを開くための関数を作成します。

はじめに、モーターの回転方向を設定するための変数を作成し、ポートに出力する値を決めます。これは、ここまでDCモーターに接続する配線の極性を、特に意識しないで作成してきたため、「ドアが開く方向」への回転をどちらに設定するか、プログラム側から指定する必要があるためです。

ここでは、「MOTOR_CONNECTION」変数の値を、最初に「1」で指定し、次に実際に自動ドアの動作を確認してみて、逆向きにモーターが回転するようであれば、プログラム側を編集して「2」の値を指定するようにします。

SOURCE CODE | chapt03-1.pyのコード

```python
# モーターの回転方向 1:正転 2:逆転
MOTOR_CONNECTION = 1
# ドアを開く
def open_door():
    # 出力する電圧
    if MOTOR_CONNECTION == 1:
        bcm_A, bcm_B = GPIO.LOW, GPIO.HIGH
    else:
        bcm_A, bcm_B = GPIO.HIGH, GPIO.LOW
```

ドアを開くための関数は「open_door」という名前で作成し、「MOTOR_CONNECTION」変数の値に従って、「bcm_A」「bcm_B」変数に、7番と11番のGPIOポートに出力する値を設定しておきます。

◆ ドアを開く

実際にドアを開くためのコードは、109ページで紹介したロジック図の、画像認識を除いた部分をそのまま実装します。つまり、まず最初にモーターを開く方向へと回転するよう、GPIOポートの出力を設定します。

そうしておいて、閉スイッチがONになるか2秒間経過するまで、whileループ内で待つようにします。ループが終了したら、20秒間待ち、今度はドアを閉めるための動作に入ります。

ドアを閉めるときには、モーターを逆の方向へ回転するよう、GPIOポートの出力を設定し、再び開スイッチがONになるか2秒間経過するまで、whileループ内で待つようにします。

最後にモーターを停止させ、もう一度、20秒間実行を待つと、109ページで紹介したロジック図の通りの動作を実装できます。

SOURCE CODE | chapt03-1.pyのコード

```
from time import sleep, time
(略)

# モーターを回転させる
GPIO.output(7, bcm_A)
GPIO.output(11, bcm_B)
# 開スイッチON or 2秒待つ
start_time = time()
while GPIO.input(13) != 0:
    sleep(0.01)
    if time() - start_time > 2:
        break
# モーターの回転を止める
GPIO.output(7, GPIO.LOW)
GPIO.output(11, GPIO.LOW)
# 20秒待つ
sleep(20)
# モーターを逆方向に回転させる
GPIO.output(7, bcm_B)
GPIO.output(11, bcm_A)
# 閉スイッチON or 2秒待つ
start_time = time()
while GPIO.input(15) != 0:
    sleep(0.01)
    if time() - start_time > 2:
        break
# モーターの回転を止める
GPIO.output(7, GPIO.LOW)
GPIO.output(11, GPIO.LOW)
# 20秒待つ
sleep(20)
```

　上記のコードを、先ほどの「open_door」関数の中へと作成します。そして、「chapt02-3.py」のコード内の、次の部分を「open_door」関数の呼び出しで置き換えます。

```
tweet_picture(pil_image)  # 画像を投稿
sleep(600)  # 10分待つ
```

最終的なソースコードと実行

以上でペット用自動ドアの制御ソフトウェアが完成しました。

最終的なソースコード

これまでの内容をすべてつなげると、ペット用自動ドアの制御ソフトウェアのソースコードは、次のようになります。

SOURCE CODE | chapt03-1.pyのコード

```python
from PIL import Image
import cv2
import torch
from torch import nn
from torchvision import models, transforms
from time import sleep, time
import os

# GPIOポートを設定する
import Jetson.GPIO as GPIO
GPIO.setmode(GPIO.BOARD)
GPIO.setup(7, GPIO.OUT)
GPIO.setup(11, GPIO.OUT)
GPIO.setup(13, GPIO.IN)
GPIO.setup(15, GPIO.IN)
# モーターの初期動作を停止状態にする
GPIO.output(7, GPIO.LOW)
GPIO.output(11, GPIO.LOW)


# モーターの回転方向 1:正転 2:逆転
MOTOR_CONNECTION = 1
# ドアを開く
def open_door():
    # 出力する電圧
    if MOTOR_CONNECTION == 1:
        bcm_A, bcm_B = GPIO.LOW, GPIO.HIGH
    else:
        bcm_A, bcm_B = GPIO.HIGH, GPIO.LOW
    # モーターを回転させる
    GPIO.output(7, bcm_A)
    GPIO.output(11, bcm_B)
    # 開スイッチON or 2秒待つ
    start_time = time()
    while GPIO.input(13) != 0:
        sleep(0.01)
        if time() - start_time > 2:
            break
    # モーターの回転を止める
    GPIO.output(7, GPIO.LOW)
```

```
GPIO.output(11, GPIO.LOW)
# 20秒待つ
sleep(20)
# モーターを逆方向に回転させる
GPIO.output(7, bcm_B)
GPIO.output(11, bcm_A)
# 閉スイッチON or 2秒待つ
start_time = time()
while GPIO.input(15) != 0:
    sleep(0.01)
    if time() - start_time > 2:
        break
# モーターの回転を止める
GPIO.output(7, GPIO.LOW)
GPIO.output(11, GPIO.LOW)
# 20秒待つ
sleep(20)


gst = "nvarguscamerasrc ! " \
    "video/x-raw(memory:NVMM),width=320,height=240," \
    "framerate=30/1,format=NV12 ! " \
    "nvvidconv ! " \
    "video/x-raw,format=BGRx ! " \
    "videoconvert ! " \
    "appsink drop=true sync=false"
# OpenCVのビデオキャプチャでカメラを開く
video_capture = cv2.VideoCapture(gst, cv2.CAP_GSTREAMER)


FLIP_CAMERA = True  # 上下反転させる場合True
# カメラから1フレーム画像を取得する
def get_frame():
    # カメラからキャプチャする
    ret, frame = video_capture.read()
    # 画像を正しい形式に変形する
    if FLIP_CAMERA:  # カメラの向きに対応
        frame = cv2.flip(frame, 0)  # 上下反転
    small_frame = cv2.resize(frame, (224, 224))
    capture_frame = small_frame[:, :, ::-1]
    # PillowのImageで返す
    return Image.fromarray(capture_frame)


# モデルを作成する
# 学習済みのMobileNetV2を作成する
model = models.mobilenet_v2( pretrained=True )
# 最後の層のみを、出力数1で置き換える
model.classifier = nn.Sequential(
            nn.Dropout(0.2),
```

```
        nn.Linear(model.last_channel, 2),
    )
# 保存したモデルを復元する
model.load_state_dict(torch.load("chapt02-mobilenet.model"))
# CUDAコアのアクセラレータを使用して実行する
model.cuda()
model.eval()

# 画像のピクセルを正規化するTransformsを作成する
transform = transforms.Compose([
    transforms.ToTensor(),
    transforms.Normalize(mean=[0.485, 0.456, 0.406],
                          std=[0.229, 0.224, 0.225])
])

# 無限ループ
while True:
    pil_image = get_frame()  # 写真を撮影
    image = transform(pil_image)  # 正規化
    image = torch.tensor(image).cuda()  # GPUメモリ上に
    image = image.reshape((1,3,224,224))  # ミニバッチ作成
    output = model(image)  # ニューラルネットワーク実行
    output = output.detach().cpu().numpy()  # CPUメモリ上に
    pred = output[0][1] - output[0][0]  # 認識結果
    if pred > 3.0:  # 感度設定
        open_door()  # ドアを開く

# 終了コード(実行されない)
video_capture.release()
```

◆ プログラムの実行設定

　このプログラムは、GPIOポートを使用しているため、ルート権限で動作させる必要があります。また、CHAPTER 02で作成したニューラルネットワークのモデルを読み込んで利用するので、異なるディレクトリ内にプログラムを配置している場合は、モデルファイルをコピーしておく必要もあります。

```
$ cp ../chapt02/chapt02-mobilenet.model ./
$ sudo python3 chapt03-1.py
```

　ルート権限が必要なので、Jetson Nanoの起動時に実行されるように設定する場合は、51ページの時計を合わせる設定プログラムと同じく、SUIDを設定した状態で起動する必要があります。

　ドア本体を設置予定位置に配置し、このプログラムを実行しておくと、次のようにぬいぐるみがカメラの前へ登場した際に、モーターが回転して自動的にドアが開きます。

　また、開いたドアは、20秒間経つと自動的に閉まります。

このドアには、Jetson Nano用とモーターの駆動用に2つのACアダプタを接続する必要がありますが、誤動作を防ぐため、Jetson Nanoと制御ソフトウェアが起動してから、モーター駆動用の電源アダプタをコンセントに接続します。

●ぬいぐるみを認識してドアが開いたところ

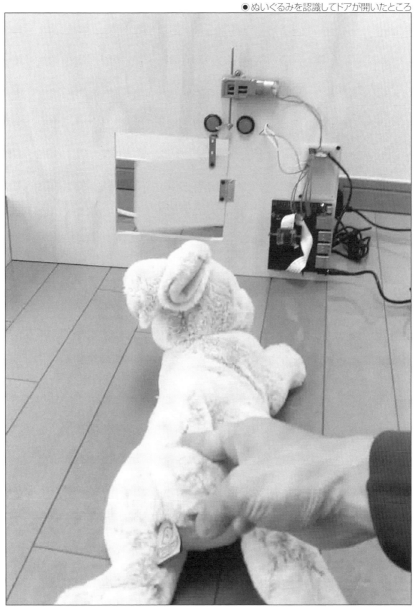

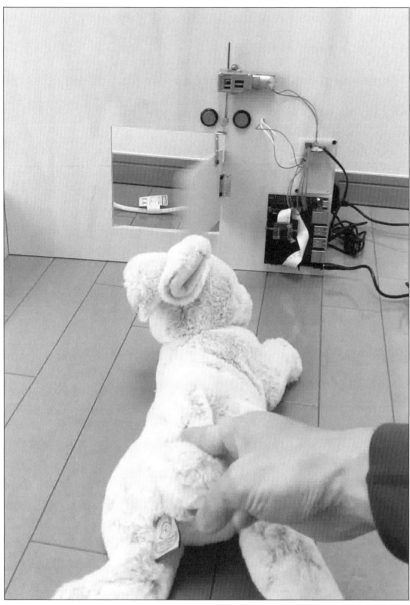

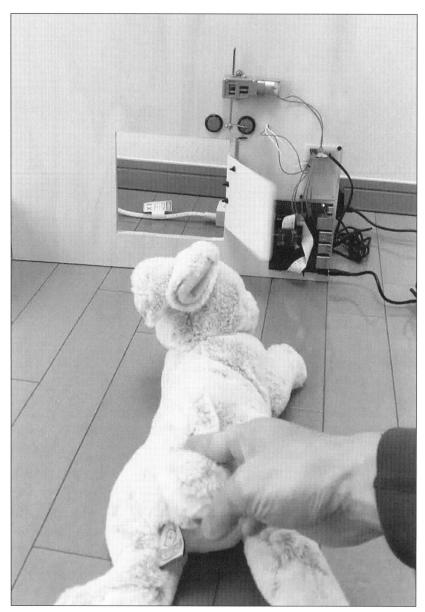

CHAPTER 04

AI車載カメラの作成

AI搭載車載カメラの概要

▶ 想定する使い方

これまでにも見てきたようにJetson Nanoは、組み込み用途でニューラルネットワークなどの機械学習モデルを使用することを目的とした、シングルボードコンピュータです。

そして、組み込み用途で機械学習モデルを実行する用途として、大きな期待がかけられている分野に、自動車に搭載する車載AIがあります。

車載AIの大きな目標には当然、自動運転カーがありますが、より大きな文脈で捉えると、カメラからの画像やLIDARなどの空間認識センサーをもとにした、車の知能化といった流れに行き着きます。

もっとも、本格的な自動運転カーを作成するためには、さまざまな技術の組み合わせが必要となるため、本書の範囲を大きく超えてしまいます。

そこでここでは、車載AIとしての画像認識ニューラルネットワークの例として、カメラからの画像をもとにした、交通状況をドライバーに注意喚起する、音声読み上げカメラを作成します。

◆ 作成するカメラの概要

車載AIの開発が難しいのは、ドライバーからの操作を排除して自力で動作が完結しなければならないという点と、その動作が交通安全に直結しており、誤動作が人命に関わる危険をもたらす可能性がある、という点があるためです。

さすがに本書で紹介する内容で、公道上での実用に足る安全なAIを作成しようとするのは荷が重いので、ここではあくまで、駐車場などのクローズドで安全な環境で実行することを前提とした、車載カメラからの状況認識AIを作成します。

あくまで安全な環境で実行することを前提とした車載カメラですが、それでも、車載AIに必要となる、ドライバーからの操作を排除して動作が完結する、という要素を満たすべく、状況認識AIの出力にはディスプレイは使わず、カーオーディオまたはハンズフリー通話のできるヘッドセットへの音声出力を使用するようにします。

Jetson Nanoとカーオーディオ/ヘッドセットへの接続は、Jetson NanoにBluetoothドングルを装着すれば、Bluetooth経由で行えます。ただし、最初の接続設定のときだけは、ディスプレイとマウスを接続し、ペアリングを行う必要があります。

●車載カメラの構成

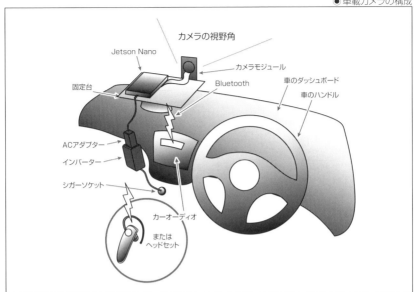

そして、カーオーディオ/ヘッドセットへの出力は、Jetson Nano上で合成した合成音声での注意喚起する音声メッセージとします。

つまり、ここで作成する車載カメラは、Jetson Nanoに接続したカメラからの画像をもとに、車の進行方向に歩行者または自転車がいれば、それを注意喚起する音声を、カーオーディオ/ヘッドセットへ出力する、というものになります。

なお、この車載カメラは視線をそらす要因になるディスプレイは持ちませんが、実際の自動車で使用する際は、必ず十分に安全面に注意するようにしてください。

● ハードウェアの構成

Jetson Nanoを使用した車載カメラを作成するために必要となる要素は、Jetson Nano本体とカメラモジュールの固定、電源、カーオーディオへの接続となります。

ここでは、ダッシュボードに穴を開けるなどの車の側の改造は行わずに、通常のカーアクセサリーを使用して、Jetson Nanoを車載するための構成を考えます。

◆ ダッシュボードへの取り付け

まず、Jetson Nano本体とカメラモジュールを車に取り付ける方法ですが、これは車内のダッシュボード上に、前方をカメラモジュールの視野角に捉えるように固定すればよいでしょう。

それには、ドライブレコーダーなどの固定のために、カメラ用の固定ねじがついた、吸盤付きの雲台が、カーアクセサリーとして販売されているので、それを使用します。

●カメラ用の固定ねじがついた吸盤付きの雲台

　このねじを利用して、その上に固定台となるアルミ板をネジ止めして、その上にJetson Nanoを乗せます。

　このねじは、カメラの三脚と同じ1／4インチねじなので、固定のためには1／4インチのナットが必要です。

●1／4インチのナット

　一般的なISOねじとはねじピッチが異なるので、1／4インチナットを指定して購入してください。

◆電源

車載カメラを作成するもう1つの要素に、電源があります。

一般的な車の場合、シガーソケットなどから得られる電源は12Vで、そのままだと5Vを必要とするJetson Nanoに接続することはできません。

また、Jetson Nanoにカメラモジュールを接続すると、USBからでは必要な電流が供給しきれないので、より大きな電流を出力できる電源が必要になります。

ここでは、一般的なカーアクセサリーとして販売されている、カーインバーターを使用して、いったんAC100Vの電源を用意し、そこにこれまでの章でも使用してきたACアダプタを接続することにしました。

●カーインバーター

電子工作で電源を作成する場合は、降圧型DCコンバーターを使用して、直接車の12V電源から5Vの電源を作成することもできます。その場合は、供給できる電流の容量に注意してください。なお、12V電源から5Vの電源を作成する方法は、CHAPTER 07で紹介しています。

◆ カーオーディオへの接続

最後の要素は、音声メッセージの出力先であるカーオーディオへの接続です。これには、最近のカーオーディオであれば、スマートフォンなどに接続するためのBluetooth機能が搭載されているので、Bluetooth接続で音声出力を行うことができます。

CHAPTER 01の19ページでも解説したように、M.2（NGFF）コネクタに接続するIntel 8265NGWというWi-Fiモジュールは、Bluetooth機能も搭載しているので、アンテナを接続する必要はありますが、Bluetoothを搭載したカーオーディオへ接続することができます。

また、USBに接続するBluetoothドングルとして、エレコムから発売されているLBT-UAN05C2という製品についても、Jetson Nano上で動作することを確認しています。

●LBT-UAN05C2

　カーオーディオの側は、ヘッドセットデバイスとしてBluetooth接続を受け付ける機種のものが必要になります。もし、カーオーディオがBluetooth接続に対応していなかった場合は、ハンズフリー通話できるようなBluetoothヘッドセットを装着することで、オーディオ出力先とします。

　なお、Jetson Nanoでは、利用できるBluetoothオーディオデバイスに相性があるようで、筆者の環境では、エレコム製のヘッドセットLBT-HS10では正常に動作する一方、Bang&olufsen製のBluetoothスピーカーBeoplay A2では正常に動作しませんでした。

　カーオーディオのBluetooth接続が、Jetson Nanoで動作しない場合は、代わりにハンズフリー通話できるヘッドセットを用意して代用します。

● ソフトウェアの構成

　CHAPTER 02とCHAPTER 03では、カメラからの画像が、ぬいぐるみであるかどうか、という判定を行いました。そのような画像の判定を、Classification（分類）といいます。

　一方、この章では、Object Detection（物体検出）という技術を使い、カメラからの画像を認識します。

　ClassificationとObject Detectionの違いは、1枚の画像から、「その画像が何であるか」を判断するのと、1枚の画像の中に、「何が、どこに写っているか」を判断するのの違いです。

●画像認識AIの種類

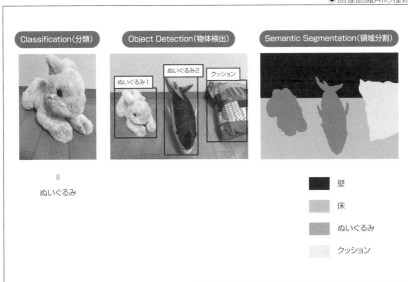

◆ 使用するニューラルネットワークのモデル

　物体検出を実行するためのニューラルネットワークにはいくつかの種類がありますが、ここではFeature Pyramid Network（FPN）という種類のニューラルネットワークを使用します。

　FPNは、ベースとなるClassification用のニューラルネットワークと、物体を検出する手法の2つの組み合わせからなっています。

　ここでは、ベースとなるClassification用のニューラルネットワークには、ResNet-50というニューラルネットワークのモデルを使用します。

　また、TorchVisionには、物体の写っている位置を、単純に矩形として抜き出すFaster R-CNN、マスク画像を切り出すMask R-CNN、物体内の特定の点を認識するKeypoint R-CNNの3種類のモデルが用意されています。

　ここでは、画像内の大雑把な位置さえ把握できればいいので、物体を単純に矩形として抜き出すFaster R-CNNを使用します。

　ニューラルネットワークのモデルについては、下記URLの「COCO Dataset」というデータセットを使用して学習させた、学習済みのモデルがTorchVisionから利用できるので、学習済みのニューラルネットワークをダウンロードして利用することで、ニューラルネットワークの学習過程はスキップして開発を行います。

　URL http://cocodataset.org

◆ソフトウェアの構成

　本来であれば、動き追跡などの技術を使用して、自動車の周りの空間を時系列的に認識すべきなのですが、カメラひとつのみの画像からそのような高度な空間認識AIを作成するには限界があります。

　この章で作成するプログラムは極めて単純なロジックで、カメラからの画像をニューラルネットワークのモデルを使用して認識し、前方のどこかの位置に、人物、または自転車があれば、その位置からメッセージを作成し、ドライバーに注意喚起する音声を再生する、というものになります。

　どのような画像を認識させるかにもよりますが、TorchVisionのFaster R-CNNモデルは、Jetson Nanoで動作させると、1枚の画像の判定に数秒間の時間がかかります。

　そのため、この章で作成する車載カメラは、あまり急激な外部の状況変化には対応しきれません。また、あまり煩雑にメッセージが流れては、逆にドライバーの注意力を削ぐ可能性があるので、一度メッセージを再生した後は、15秒間何もしないで待つようにしました。

●動作アルゴリズム

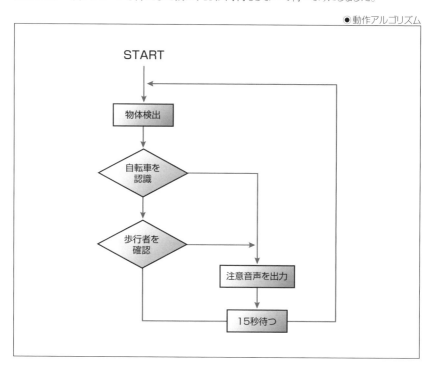

音声読み上げと物体検出のテスト

音声読み上げの用意

この章で作成する車載カメラは、ディスプレイや入力インターフェイスを持たずに動作しますが、その開発と初期設定は、これまでと同様にディスプレイとキーボード・マウスを接続して行います。

まずは、Jetson Nano上で音声合成して再生するための環境を構築します。合成音声を作成するには、音声合成のためのプログラムと、音声モデルが必要となりますが、ここでは、それらをセットにしてフリーで公開されている、Open Jtalkというプログラムを使用します。

Open Jtalkのインストール

Open Jtalkのインストールは、次のように、「apt」コマンドで行うことができます。また、同時に、Open Jtalkで使用する辞書と、音声モデルのファイルもインストールしておきます。

Jetson Nanoをインターネット回線に接続した状態で、次のコマンドを実行してください。

```
$ sudo apt install open-jtalk
$ sudo apt install open-jtalk-mecab-naist-jdic
$ sudo apt install hts-voice-nitech-jp-atr503-m001
```

Open Jtalkをインストールしたら、「open_jtalk」コマンドが利用できるようになります。

「open_jtalk」コマンドは次のように、「-x」オプションで辞書ファイルを、「-m」オプションで音声モデルのファイルを指定し、標準入力から日本語の文章を入力すれば、実行することができます。また、「-ow」オプションで、出力先の音声ファイルを指定できます。

```
$ echo 'こんにちは' | open_jtalk -x /var/lib/mecab/dic/open-jtalk/naist-jdic -m \
    /usr/share/hts-voice/nitech-jp-atr503-m001/nitech_jp_atr503_m001.htsvoice -ow test.wav
```

上記のコマンドを実行すると、「test.wav」という名前の音声ファイルが作成されます。Jetson Nano上でこの音声ファイルを再生するには、次のように「aplay」コマンドを使用します。

```
$ aplay test.wav
```

ちなみに、Jetson Nanoにはスピーカーが搭載されていないので、そのままだと、音声ファイルを再生しても音は出力されません。Bluetooth接続のカーオーディオやヘッドセットをオーディオ出力とする方法は、後でJetson Nanoを車載する際に紹介します。

◆Pythonから音声を読み上げる

　「open_jtalk」コマンドが利用できるようになれば、合成音声が作成できます。

　後は、Pythonプログラムから合成音声を作成する方法ですが、ここでは次のように、「sub process.run」関数を使用して、直接「open_jtalk」コマンドを実行するようにしました。

　次のコードでは、「/tmp/speech.txt」ファイルに日本語のテキストを出力した後、先ほどテストしたコマンドと同じく、「open_jtalk」コマンドを利用して、「/tmp/speech.wav」に合成音声を作成します。そして、「aplay」コマンドを実行することで、「/tmp/speech.wav」を再生しています。

```
# 同期的に再生
with open("/tmp/speech.txt","w") as wf:
    wf.write(" ".join(jtext.split("\n")))
subprocess.run('cat /tmp/speech.txt | open_jtalk -x '\
    '/var/lib/mecab/dic/open-jtalk/naist-jdic  -m '\
    '/usr/share/hts-voice/nitech-jp-atr503-'\
    'm001/nitech_jp_atr503_m001.htsvoice '\
    '-ow /tmp/speech.wav; aplay /tmp/speech.wav',
            shell=True)
```

　しかし、上記のコードそのままだと、メモリが潤沢に利用できる環境では動作するのですが、Jetson Nanoではメモリを確保できずに動作しない場合があります。

　これは、Pythonでは、別プロセスの起動時にシステムコールのforkを使用しているため、メモリを大量に使った後に外部のコマンドを実行しようとすると、forkが失敗するためです。

　そこでここでは、次のように別プロセスを利用して「/tmp/speech.txt」ファイルを監視し、ファイルが作成されたならば、バックグラウンドで音声を再生するようにしました。

　まず、「Process」で「/tmp/speech.txt」ファイルを監視するプロセスを作成し、「talk_japanease_text」関数が実際にファイルを作成します。

　音声を再生したい場合は、「talk_japanease_text」関数を呼び出すと、関数に渡した日本語の文字列が、合成音声で再生されます。この場合、「talk_japanease_text」関数は非同期的に動作し、再生完了を待たず、すぐに呼び出し元に戻ります。

```
# 読み上げるテキストを書き込む
def talk_japanease_text(jtext):
    with open("/tmp/speech.txt","w") as wf:
        wf.write(" ".join(jtext.split("\n")))


# 別プロセスでテキストを監視して、書き込まれたら再生する
def watch_text_process():
    while True:
        if os.path.isfile("/tmp/speech.txt"):
            subprocess.run('cat /tmp/speech.txt | open_jtalk -x '\
            '/var/lib/mecab/dic/open-jtalk/naist-jdic  -m '\
            '/usr/share/hts-voice/nitech-jp-atr503-'\
```

```
        'm001/nitech_jp_atr503_m001.htsvoice '\
        '-ow /tmp/speech.wav; aplay /tmp/speech.wav',
                shell=True)
        os.remove("/tmp/speech.txt")
# 別プロセスを起動
Process(target=watch_text_process).start()
```

　上記のコードでは、あらかじめ音声再生のコマンドを実行するためのプロセスが用意され、外部コマンドのためのforkはそのプロセス中で実行されるので、メモリが少ないJetson Nano上でも動作します。

●Faster R-CNNによる物体検出

　この章では、前述のように、Faster R-CNNという種類のニューラルネットワークを使って物体検出を行います。

　ニューラルネットワークのモデルについては、学習済みのモデルをダウンロードして利用しますが、下記URLの「COCO Dataset」を使用して学習されたモデルが車載映像に適用して正しく動作するかを、まず最初に確認しておく必要があります。

　URL http://cocodataset.org

　そのために、ここでは、サンプルの車載映像からの画像をニューラルネットワークのモデルに認識させてみて、正しく歩行者や自転車を認識できるかどうかチェックしてみます。

◆ サンプル画像を認識してみる

　車載映像からの画像については、実際にドライブレコーダーなどで動画を撮影してもいいのですが、一般公開されているデータセットに車載カメラの映像を撮影したものがあるので、ここではそのデータセットを使用します。

　使用するデータセットは、下記URLの「CamSeq01 Dataset」というデータセットで、ケンブリッジ大学のプロジェクトとして作成・公開されています。

　URL http://mi.eng.cam.ac.uk/research/projects/VideoRec/CamSeq01/

　このデータセットはで、自動車が市街地を走行した際の車載映像を、助手席に搭載した車載カメラで撮影した画像がもとになっています。

●車載映像を撮影しているところ

　データセットに含まれているデータは、各コマごとの画像ファイルと、その画像に写っている物体を分類し、分類に従って領域を分割したタグ画像になります。

　画像の領域分割とは、その画像内のピクセルを、対応する物体ごとにタグ付けしたものです（139ページの図を参照）。

　領域分割の中にも、全ピクセルをタグ付けするSemantic Segmentation、物体検出と組み合わせたInstance Segmentation、さらにその組み合わせであるPanoptic Segmentationなどの種類がありますが、「CamSeq01 Dataset」はSemantic Segmentation用のデータとなります。

◉車載映像からの画像の例1

◉物体ごとにタグ付けされたピクセル1

● 車載映像からの画像の例2

● 物体ごとにタグ付けされたピクセル2

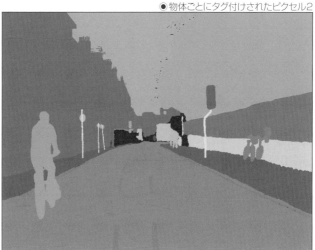

「CamSeq01 Dataset」を入手するには、まず下記のURLにアクセスし、「Download」の項目にある「CamSeq01.zip」をダウンロードします。

URL http://mi.eng.cam.ac.uk/research/projects/VideoRec/CamSeq01/

●CamSeq01 Dataset

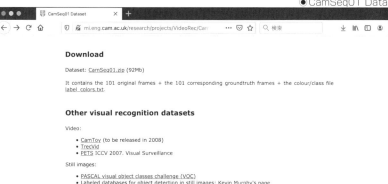

そして、ダウンロードしたファイルを、「CamSeq01/」に解凍します。

```
$ mkdir CamSeq01/
$ cd CamSeq01/
$ mv ~/Downloads/CamSeq01.zip ./
$ unzip CamSeq01.zip
```

ここでは、データセットに含まれている車載映像の、各コマごとの画像ファイルをサンプルの車載映像として利用します。

以上で、サンプルの車載映像を利用する準備は整いました。

◆ モデルのダウンロードと作成

それでは、実際にサンプルの車載映像を認識してみるためのプログラムを作成します。まず、「chapt04-1.py」という名前のファイルを作成し、必要なパッケージをインポートします。

SOURCE CODE ‖ chapt04-1.pyのコード

```python
import sys
import torch
import torchvision
import numpy as np
from PIL import Image, ImageDraw
```

　そして、コマンドラインから指定したIDのファイルを読み込み、320×240ピクセルへリサイズします。

　さらに、PILのImageクラスを、PyTorchで使用するTensor型へと変換しておきます。PILのImageクラスからTensor型への変換は、「torchvision.transforms」パッケージにある「ToTensor」クラスが利用できます。

SOURCE CODE ‖ chapt04-1.pyのコード

```
pil_image = Image.open('CamSeq01/' + sys.argv[1] + '.png')
pil_image = pil_image.resize((320,240))

trans = torchvision.transforms.ToTensor()

img = trans(pil_image)
```

　学習済みのニューラルネットワークは、次のように、「pretrained=True」と引数を指定して、「torchvision.models.detection.fasterrcnn_resnet50_fpn」を呼び出せば、作成することができます。

　この関数は、初回の呼び出しの際に、ホームディレクトリ内にキャッシュファイルを作成し、インターネット経由で学習済みのニューラルネットワークモデルをダウンロードします。

　2回目以降の実行時には、保存されたキャッシュファイルが利用されるので、インターネット回線は不要になります。

```
model = torchvision.models.detection.fasterrcnn_resnet50_fpn(
    pretrained=True)
model = model.cuda()
model.eval()
```

　作成したモデルは、「cuda」でCUDAアクセラレータのメモリ上に移動し、「eval」で実行モードにします。

　そして、先ほどTensor型にしておいた画像を、同じくCUDAアクセラレータのメモリ上に移動し、モデルを実行すると、物体検出の結果が返されます。

SOURCE CODE ‖ chapt04-1.pyのコード

```
img = img.cuda()
pred = model([img])[0]
```

◆ 認識結果の可視化

物体検出の場合、ニューラルネットワークの実行結果は、検出された物体の位置、何の物体かを表すラベル、物体検出のスコアからなります。

ここではそのうち、物体の位置とラベルを取得します。

先ほどのコードを実行して返される変数は、「boxes」「labels」「scores」をキーとして持つディクショナリで、それぞれのキーには、検出された物体の情報が、配列として入れられています。

検出された物体のラベルは、学習に使用された「COCO Dataset」のものとなり、91クラス（N/Aが10クラスあるので実際には81クラス）からなります。

URL http://cocodataset.org

下記のTorchVisionのページには、それらのクラスのラベルを列挙したものがあります。

URL https://pytorch.org/docs/stable/torchvision/models.html#
object-detection-instance-segmentation-and-person-keypoint-detection

学習済みニューラルネットワークが返すラベルの番号が何を表しているかは、このリストにある名前と対応しています（物体検出での実行時には、「__background__」は結果としては返されません）。

```
COCO_INSTANCE_CATEGORY_NAMES = [
    '__background__', 'person', 'bicycle', 'car', 'motorcycle', 'airplane', 'bus',
    'train', 'truck', 'boat', 'traffic light', 'fire hydrant', 'N/A', 'stop sign',
    'parking meter', 'bench', 'bird', 'cat', 'dog', 'horse', 'sheep', 'cow',
    'elephant', 'bear', 'zebra', 'giraffe', 'N/A', 'backpack', 'umbrella', 'N/A', 'N/A',
    'handbag', 'tie', 'suitcase', 'frisbee', 'skis', 'snowboard', 'sports ball',
    'kite', 'baseball bat', 'baseball glove', 'skateboard', 'surfboard', 'tennis racket',
    'bottle', 'N/A', 'wine glass', 'cup', 'fork', 'knife', 'spoon', 'bowl',
    'banana', 'apple', 'sandwich', 'orange', 'broccoli', 'carrot', 'hot dog', 'pizza',
    'donut', 'cake', 'chair', 'couch', 'potted plant', 'bed', 'N/A', 'dining table',
    'N/A', 'N/A', 'toilet', 'N/A', 'tv', 'laptop', 'mouse', 'remote', 'keyboard', 'cell phone',
    'microwave', 'oven', 'toaster', 'sink', 'refrigerator', 'N/A', 'book',
    'clock', 'vase', 'scissors', 'teddy bear', 'hair drier', 'toothbrush'
]
```

上記のリストを見ると、ラベルの番号で1番が人物、2番が自転車であることがわかるので、物体検出の結果から、人物の位置に赤い四角を、自転車の位置に青い四角を描写してみます。

SOURCE CODE || chapt04-1.pyのコード

```
draw = ImageDraw.Draw(pil_image)
for box, label in zip(pred['boxes'], pred['labels']):
    rect = box.detach().cpu().numpy().astype(np.int32)
    if label == 1:
        draw.rectangle(tuple(rect), outline=(255, 0, 0))
    elif label == 2:
        draw.rectangle(tuple(rect), outline=(0, 0, 255))
```

　最後に、画像IDに「-dst」を付けた名前でファイルを保存し、物体検出の結果を可視化できるようにします。

SOURCE CODE || chapt04-1.pyのコード

```
pil_image.save(sys.argv[1] + '-dst.png')
```

◆ サンプル画像認識用のプログラム

　以上の内容をつなげると、サンプルの車載映像からの画像をもとに物体検出し、その結果を保存するプログラムは、次のようになります。

SOURCE CODE || chapt04-1.pyのコード

```
import sys
import torch
import torchvision
import numpy as np
from PIL import Image, ImageDraw

pil_image = Image.open('CamSeq01/' + sys.argv[1] + '.png')
pil_image = pil_image.resize((320,240))

trans = torchvision.transforms.ToTensor()

img = trans(pil_image)

model = torchvision.models.detection.fasterrcnn_resnet50_fpn(
  pretrained=True)
model = model.cuda()
model.eval()

img = img.cuda()
pred = model([img])[0]

draw = ImageDraw.Draw(pil_image)
for box, label in zip(pred['boxes'], pred['labels']):
    rect = box.detach().cpu().numpy().astype(np.int32)
    if label == 1:
        draw.rectangle(tuple(rect), outline=(255, 0, 0))
```

▼

```
elif label == 2:
    draw.rectangle(tuple(rect), outline=(0, 0, 255))

pil_image.save(sys.argv[1] + '-dst.png')
```

このプログラムを使い、「CamSeq01 Dataset」にある画像を物体検出して人物および自転車を検出すると、次のような結果になります。

```
# CamSeq01/0016E5_07959.pngを認識してみる
$ python3 chapt04-1.py 0016E5_07959

# CamSeq01/0016E5_08159.pngを認識してみる
$ python3 chapt04-1.py 0016E5_08159
```

◉物体検出した結果1

◉物体検出した結果2

320×240ピクセルに解像度を下げて画像認識を実行しても、歩行者と、自転車がほぼ正しく認識されています。

また、車載映像からの画像の場合、自転車は真後ろまたは前方からのアングルになる場合が多いですが、それでもきちんと自転車として認識されていることがわかります。

AI搭載車載カメラの作成

◉自動車の中でJetson Nanoを使う

合成した合成音声の出力と、車載映像からの画像を認識するニューラルネットワークが用意できたら、後はそれらを組み合わせるだけです。

まずは、Jetson Nanoを車載するために、ダッシュボードへと固定するための台の作成と、標準のオーディオ出力をカーオーディオにするための設定を行います。

◆ダッシュボードへの固定

Jetson Nanoをダッシュボードへと固定する台は、前述の通りドライブレコーダーなどのカメラを取り付けるための、吸盤付きの雲台を使用します。

ここでは、雲台の上にアルミ板で作成した固定台を作成し、そこにJetson Nano本体とカメラモジュールを取り付けます。カメラモジュールは車の前方を視野角に捉えるよう固定するので、アルミ板を折り曲げて、カメラが前方を向くように取り付けます。

●ダッシュボードへの固定台

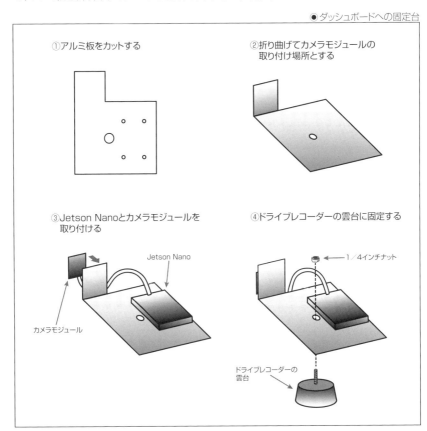

①アルミ板をカットする

②折り曲げてカメラモジュールの取り付け場所とする

③Jetson Nanoとカメラモジュールを取り付ける

Jetson Nano

カメラモジュール

④ドライブレコーダーの雲台に固定する

1／4インチナット

ドライブレコーダーの雲台

●固定台に取り付けたところ1

●固定台に取り付けたところ2

Jetson Nanoを固定台へ搭載するには、スペーサーねじで取り付けます。必要なスペーサーねじは、Raspberry Pi用のものが販売されているので、それを流用しました。

●スペーサーねじ

また、カメラモジュールの固定には、両面テープを使用しました。

Bluetoothインターフェイスに、エレコムLBT-UAN05C2などのUSBドングルを使用する場合は、これでJetson Nanoを使用することができます。

BluetoothインターフェイスにIntel 8265NGWのBluetooth機能を使用する場合は、アンテナも取り付ける必要があります。アンテナについては、次のように両面テープとタイバンドで固定するようにしました。

なお、本章ではBluetoothインターフェイスについて、基本的にエレコムLBT-UAN05C2で動作確認を行っており、その際、アンテナは取り外してあります。

●Intel 8265NGW用のアンテナ1

●Intel 8265NGW用のアンテナ2

　固定台が完成したら、実際に車のダッシュボードへと取り付けます。また、電源は、車のシガーソケットにインバーターを接続し、ACアダプタを取り付けて使用します。

●ダッシュボードへ取り付けたところ1

●ダッシュボードへ取り付けたところ2

◆Jetson Nanoをカーオーディオに接続する

Jetson Nanoを車内に搭載したら、Bluetooth経由で接続し、カーオーディオ/ヘッドセットへ合成音声を出力できるように設定します。

通常、カーオーディオのBluetoothは、ハンズフリー通話のためのヘッドセットデバイスとして認識されます。そのため、カーオーディオを利用する場合と、ヘッドセットを利用する場合とで、Bluetooth関連の初期設定は特に違いはありません。

ただし、カーオーディオを利用する場合、この初期設定については、車内でJetson Nanoの設定を行う必要があるので、小型のディスプレイとマウスなどを車内に持ち込み、Jetson Nanoに接続して操作します。

まず、コンソールを開き、Jetson Nanoの起動時に自動でBluetoothがONになるように設定します。それには、次のように「systemctl」コマンドを実行します。

```
$ sudo systemctl enable bluetooth
```

そして、Root権限で「/etc/bluetooth/main.conf」ファイルを編集し、「[Policy]」の欄にある「AutoEnable」を「true」に設定します。

SOURCE CODE | /etc/bluetooth/main.conf

```
[Policy]
AutoEnable=true
```

◆ヘッドセットの有効化

Jetson Nanoのデフォルトの状態では、ヘッドセットのBluetoothプロファイルは利用できないようになっているので、ヘッドセットプロファイルを利用できるように設定する必要があります。

それには、まず次のように、「pulseaudio-module-bluetooth」モジュールをインストールします。

```
$ sudo apt install pulseaudio-module-bluetooth
```

次に、「/etc/systemd/system/bluetooth.target.wants/bluetooth.service」ファイルをRoot権限で編集し、「ExecStart=」で始まっている行を、次のように編集します。

SOURCE CODE | /etc/systemd/system/bluetooth.target.wants/bluetooth.service

```
ExecStart=/usr/lib/bluetooth/bluetoothd -d --noplugin=audio,avrcp
```

編集したファイルを保存したら、Jetson Nanoを再起動します。

◆ bluemanのインストール

次に、Bluetoothの設定を行うため、次のようにbluemanをインストールします。

```
$ sudo apt install blueman
```

そして、カーオーディオをBluetoothに設定し、bluemanからカーオーディオのデバイスをペアリングします。まずは次のコマンドで、bluemanを起動します。

```
$ sudo blueman-manager
```

次に、カーオーディオ/ヘッドセットをJetson Nanoとペアリングし、標準のオーディオ出力として設定します。それには、カーオーディオ/ヘッドセットをBluetooth接続を待ち受ける設定にしておき、bluemanの画面から「検索」のボタンをクリックします。

● デバイスの検索

すると、次のように接続できるデバイスが表示されるので、カーオーディオ/ヘッドセットを選択して、鍵のマークのボタンをクリックします。

● カーオーディオ/ヘッドセットの選択

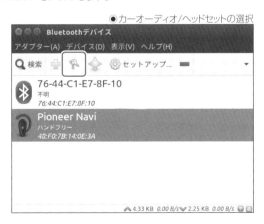

PINコードが要求された場合は、カーオーディオに設定されているPINコードを入力します。すると、デバイスとのペアリングが行われ、Jetson Nanoとデバイスが接続されます。

次に、星マークのボタンをクリック、デバイスを信頼できるデバイスとしてマークします。

●信頼できるデバイスの設定

最後に、Jetson Nanoを再起動します。Bluetoothの認証画面が表示される場合は、「常に許可」をクリックします。

以上で、Jetson Nanoの起動時に、自動的にカーオーディオ/ヘッドセットのBluetoothへ接続するような設定が完了しました。

◆ 標準のオーディオ出力先を変更する

Bluetooth接続でカーオーディオに接続したら、Jetson Nanoのオーディオ出力設定をカーオーディオへの出力と変更する必要があります。

Jetson Nanoに接続しているオーディオデバイスを確認するには、コンソールから次のコマンドを実行します。

```
$ pactl list short sinks
```

すると、次のように、Jetson Nanoから利用できるオーディオデバイスの一覧が表示されます。

ここで、「alsa.output.platform-sound-analog-stereo」というのは、Jetson Nano開発者キットには端子が用意されていませんが、Jetson Nanoのアナログオーディオ出力です。

また、「hdmi-stereo」という単語が含まれているデバイスは、HDMI接続のディスプレイ内蔵スピーカーへの出力です。

```
0    alsa.output.platform-70030000.hda.hdmi-stereo    module-alsa-card.c    s16le    2ch
44100Hz    SUSPENDED

1    bluez_sink.28_52_E0_87_3D_19.headset_head_unit module-bluez5-device.c    s16le 1ch
8000Hz SUSPENDED
```

標準のオーディオ出力を変更するには、上記のコマンドで表示されるデバイス番号を指定して、次のように「pactl」コマンドを実行します。

```
sudo pactl sel-default sink 1
```

さらに、Jetson Nanoの起動時に標準のオーディオ出力とするには、Root権限で「/etc/pulse/default.pa」ファイルを編集し、「set-default-sink」に対してデバイス番号を設定します。

SOURCE CODE || /etc/pulse/default.pa

```
### Make some devices default
set-default-sink 1
#set-default-source input
```

デフォルトのオーディオ入力を設定する際は、同じように「pactl list short sources」と「sudo pactl set-default-source」コマンドを使用して設定を変更し、「/etc/pulse/default.pa」の「set-default-source」にデバイス番号を設定します。

以上で、Jetson Nanoでカーオーディオ/ヘッドセットのBluetoothを利用するための設定は完了です。

ソフトウェアの作成

Jetson Nanoを車載した後は、カメラモジュールを接続して、車載カメラとして機能するプログラムを作成するだけです。

ここでは、「chapt04-2.py」という名前のファイル作成し、プログラムのコードを作成していきます。

◆ カメラから画像を取得する

Jetson Nanoに接続したカメラモジュールから画像を取得し、1フレームごとに取得する方法は、前章までに作成したコードとほぼ同じものになります。前章までのコードと異なっている点は、取得する画像のサイズを320px×240pxとしている点になります。

SOURCE CODE || chapt04-2.pyのコード

```
import cv2
import torch
import torchvision
import numpy as np
from PIL import Image
from time import sleep, time
import os
import subprocess
import gc

gst = "nvarguscamerasrc ! " \
    "video/x-raw(memory:NVMM),width=320,height=240," \
    "framerate=30/1,format=NV12 ! " \
```

```
        "nvvidconv ! " \
        "video/x-raw,format=BGRx ! " \
        "videoconvert ! " \
        "appsink drop=true sync=false"
# OpenCVのビデオキャプチャでカメラを開く
video_capture = cv2.VideoCapture(gst, cv2.CAP_GSTREAMER)

FLIP_CAMERA = True  # 上下反転させる場合True
# カメラから1フレーム画像を取得する
def get_frame():
    # カメラからキャプチャする
    ret, frame = video_capture.read()
    # 画像を正しい形式に変形する
    if FLIP_CAMERA:  # カメラの向きに対応
        frame = cv2.flip(frame, 0)  # 上下反転
    small_frame = cv2.resize(frame, (320, 240))
    capture_frame = small_frame[:, :, ::-1]
    # PillowのImageで返す
    return Image.fromarray(capture_frame)
```

◆ 音声を読み上げる

　次に、画像認識の結果に従って音声を出力する関数ですが、これは先ほど紹介した「talk_japanease_text」関数をそのまま使用します。

　プログラムのはじめのほうで、音声再生のためのコマンド実行を行うプロセスを起動しておき、「talk_japanease_text」関数は「/tmp/speech.txt」ファイルを作成することで、音声再生をキックします。

SOURCE CODE ‖ chapt04-2.pyのコード

```
# 読み上げるテキストを書き込む
def talk_japanease_text(jtext):
    with open("/tmp/speech.txt","w") as wf:
        wf.write(" ".join(jtext.split("\n")))

# 別プロセスでテキストを監視して、書き込まれたら再生する
def watch_text_process():
    while True:
        if os.path.isfile("/tmp/speech.txt"):
            subprocess.run('cat /tmp/speech.txt | open_jtalk -x '\
            '/var/lib/mecab/dic/open-jtalk/naist-jdic  -m '\
            '/usr/share/hts-voice/nitech-jp-atr503-'\
            'm001/nitech_jp_atr503_m001.htsvoice '\
            '-ow /tmp/speech.wav; aplay /tmp/speech.wav',
                    shell=True)
            os.remove("/tmp/speech.txt")
# 別プロセスを起動
Process(target=watch_text_process).start()
```

◆ 物体検出を実行する

次に、物体検出のモデルを作成して、画像から自転車と歩行者を認識します。

それには、まず、次のようにTorchVisionの物体検出モデルを作成します。143ページのテストコードを実行しているならば、学習済みのニューラルネットワークはすでにダウンロードされてキャッシュされているはずなので、インターネット回線への接続はなくても、モデルの作成はできるはずです。

SOURCE CODE | chapt04-2.pyのコード

```python
# モデルを作成する
transform = torchvision.transforms.ToTensor()
model = torchvision.models.detection.fasterrcnn_resnet50_fpn(
    pretrained=True)
model = model.cuda()
model.eval()
```

次に、無限ループの中でカメラからの画像を1フレームずつ取得し、物体検出を実行します。

そして、すべての検出された物体から、歩行者と自転車の認識位置を、矩形のデータとして一覧にしておきます。

SOURCE CODE | chapt04-2.pyのコード

```python
# 無限ループ
while True:
    pil_image = get_frame()  # 写真を撮影
    image = transform(pil_image)  # Torchの型に
    image = image.cuda()
    pred = model([image])[0]  # ニューラルネットワーク実行
    cycles = []  # 自転車の認識結果一覧
    persons = []  # 歩行者の認識結果一覧
    for box, label in zip(pred['boxes'], pred['labels']):
        rect = box.detach().cpu().numpy().astype(np.int32)
        if label == 1:
            persons.append(tuple(rect))  # 認識した位置
        elif label == 2:
            cycles.append(tuple(rect))  # 認識した位置
```

◆ 歩行者と自転車を認識する

上記のコードで作成した、歩行者と自転車の認識位置一覧は、画像内に含まれている全ての認識結果を含んでいます。そこで、その中から、最も大きな認識結果を取得して、それを最も近くにいる歩行者または自転車とします。

最も大きな認識結果を取得するには、認識結果の矩形の面積で一覧をソートします。そして、最も大きな認識結果の矩形の中心点のX座標を取得し、その結果が画面の左側にあるのか、中央にあるのか、右側にあるのかを判断します。

最後に判断の結果に従って、読み上げるメッセージを作成し、音声メッセージの出力を行います。

SOURCE CODE || chapt04-2.pyのコード

```
if len(cycles) > 0:  # 自転車が認識されたら
    cycles = sorted(cycles,
            key=lambda x:(x[2]-x[0])*(x[3]-x[1]))  # 面積でソート
    cycles = cycles[::-1][0]  # 一番大きい(近い)自転車
    xpos = cycles[0] + (cycles[2]-cycles[0])/2  # x座標
    if xpos < pil_image.width / 3:  # 左側に認識
        text = "ひだりぜんぽうにじてんしゃがいます\nちゅういしてください"
    elif xpos < 2 * (pil_image.width / 3):  # 中央に認識
        text = "ぜんぽうにじてんしゃがいます\nちゅういしてください"
    else:
        text = "みぎぜんぽうにじてんしゃがいます\nちゅういしてください"
    del pil_image, image, pred, cycles, persons
    gc.collect()  # 音声合成の前に出来るだけメモリを確保する
    # 音声メッセージを出力する
    talk_japanease_text(text)
    # 15秒待つ
    sleep(15)
elif len(persons) > 0:  # 自転車が認識されたら
    persons = sorted(persons,
            key=lambda x:(x[2]-x[0])*(x[3]-x[1]))  # 面積でソート
    persons = persons[::-1][0]  # 一番大きい(近い)自転車
    xpos = persons[0] + (persons[2]-persons[0])/2  # x座標
    if xpos < pil_image.width / 3:  # 左側に認識
        text = "ひだりぜんぽうにほこうしゃがいます\nちゅういしてください"
    elif xpos < 2 * (pil_image.width / 3):  # 中央に認識
        text = "ぜんぽうにほこうしゃがいます\nちゅういしてください"
    else:
        text = "みぎぜんぽうにほこうしゃがいます\nちゅういしてください"
    del pil_image, image, pred, cycles, persons
    gc.collect()  # 音声合成の前に出来るだけメモリを確保する
    # 音声メッセージを出力する
    talk_japanease_text(text)
    # 15秒待つ
    sleep(15)
```

このコードは、先ほど作成した無限ループの中に記述します。

◆ 最終的なソースコード

　以上の内容をすべてつなげると、物体検出の結果から音声メッセージを出力する、車載カメラのソースコードは、次のようになります。

SOURCE CODE ‖ chapt04-2.pyのコード

```python
import cv2
import torch
import torchvision
import numpy as np
from PIL import Image
from time import sleep, time
import os
import subprocess
import gc
from multiprocessing import Process

gst = "nvarguscamerasrc ! " \
    "video/x-raw(memory:NVMM),width=320,height=240," \
    "framerate=30/1,format=NV12 ! " \
    "nvvidconv ! " \
    "video/x-raw,format=BGRx ! " \
    "videoconvert ! " \
    "appsink drop=true sync=false"
# OpenCVのビデオキャプチャでカメラを開く
video_capture = cv2.VideoCapture(gst, cv2.CAP_GSTREAMER)

FLIP_CAMERA = True  # 上下反転させる場合True
# カメラから1フレーム画像を取得する
def get_frame():
    # カメラからキャプチャする
    ret, frame = video_capture.read()
    # 画像を正しい形式に変形する
    if FLIP_CAMERA:  # カメラの向きに対応
        frame = cv2.flip(frame, 0)  # 上下反転
    small_frame = cv2.resize(frame, (320, 240))
    capture_frame = small_frame[:, :, ::-1]
    # PillowのImageで返す
    return Image.fromarray(capture_frame)

# 読み上げるテキストを書き込む
def talk_japanease_text(jtext):
    with open("/tmp/speech.txt","w") as wf:
        wf.write(" ".join(jtext.split("\n")))

# 別プロセスでテキストを監視して、書き込まれたら再生する
def watch_text_process():
```

```
    while True:
        if os.path.isfile("/tmp/speech.txt"):
            subprocess.run('cat /tmp/speech.txt | open_jtalk -x '\
            '/var/lib/mecab/dic/open-jtalk/naist-jdic  -m '\
            '/usr/share/hts-voice/nitech-jp-atr503-'\
            'm001/nitech_jp_atr503_m001.htsvoice '\
            '-ow /tmp/speech.wav; aplay /tmp/speech.wav',
                shell=True)
            os.remove("/tmp/speech.txt")
# 別プロセスを起動
Process(target=watch_text_process).start()

# モデルを作成する
transform = torchvision.transforms.ToTensor()
model = torchvision.models.detection.fasterrcnn_resnet50_fpn(
    pretrained=True)
model = model.cuda()
model.eval()

# 無限ループ
while True:
    pil_image = get_frame()  # 写真を撮影
    image = transform(pil_image)  # Torchの型に
    image = image.cuda()
    pred = model([image])[0]  # ニューラルネットワーク実行
    cycles = []  # 自転車の認識結果一覧
    persons = []  # 歩行者の認識結果一覧
    for box, label in zip(pred['boxes'], pred['labels']):
        rect = box.detach().cpu().numpy().astype(np.int32)
        if label == 1:
            persons.append(tuple(rect))  # 認識した位置
        elif label == 2:
            cycles.append(tuple(rect))  # 認識した位置
    if len(cycles) > 0:  # 自転車が認識されたら
        cycles = sorted(cycles,
                key=lambda x:(x[2]-x[0])*(x[3]-x[1])) # 面積でソート
        cycles = cycles[::-1][0]  # 一番大きい(近い)自転車
        xpos = cycles[0] + (cycles[2]-cycles[0])/2  # x座標
        if xpos < pil_image.width / 3:  # 左側に認識
            text = "ひだりぜんぽうにじてんしゃがいます\nちゅういしてください"
        elif xpos < 2 * (pil_image.width / 3):  # 中央に認識
            text = "ぜんぽうにじてんしゃがいます\nちゅういしてください"
        else:
            text = "みぎぜんぽうにじてんしゃがいます\nちゅういしてください"
        del pil_image, image, pred, cycles, persons
        gc.collect()  # 音声合成の前に出来るだけメモリを確保する
```

```
    # 音声メッセージを出力する
    talk_japanease_text(text)
    # 15秒待つ
    sleep(15)
elif len(persons) > 0:  # 歩行者が認識されたら
    persons = sorted(persons,
        key=lambda x:(x[2]-x[0])*(x[3]-x[1]))  # 面積でソート
    persons = persons[::-1][0]  # 一番大きい(近い)歩行者
    xpos = persons[0] + (persons[2]-persons[0])/2  # x座標
    if xpos < pil_image.width / 3:  # 左側に認識
        text = "ひだりぜんぽうにほこうしゃがいます\nちゅういしてください"
    elif xpos < 2 * (pil_image.width / 3):  # 中央に認識
        text = "ぜんぽうにほこうしゃがいます\nちゅういしてください"
    else:
        text = "みぎぜんぽうにほこうしゃがいます\nちゅういしてください"
    del pil_image, image, pred, cycles, persons
    gc.collect()  # 音声合成の前に出来るだけメモリを確保する
    # 音声メッセージを出力する
    talk_japanease_text(text)
    # 15秒待つ
    sleep(15)

# 終了コード(実行されない)
video_capture.release()
```

　このコードを、Jetson Nanoが起動したときに、学習済みのニューラルネットワークをダウンロードしたユーザーの権限で起動するように、CHAPTER 01の48ページに従って設定します。

　後は、Jetson Nanoとカメラモジュールを自動車のダッシュボードへと固定し、カーオーディオの設定をBluetooth接続にした後、インバーターをシガーソケットに接続して、Jetson Nanoの電源を投入します。

CHAPTER 04

AI車載カメラの作成

●車の前方を歩行者が横切った

その後、上記の写真のように、自動車の前に歩行者か自転車が登場すると、カーオーディオから注意喚起する音声メッセージが流れます。

なお、上記の写真は、安全のため、駐車場で停車中に撮影しています。

CHAPTER 05

顔認識を行う
ペットロボットの作成

顔認識を行うペットロボット

◉ 作成するペットロボットの概要

　前章までに見てきたように、Jetson Nanoのようなデバイスにとってカメラモジュールは、周囲の空間を把握する上で非常に汎用的に使えるセンサーです。AIによる画像解析を前提にすることで、特定の用途向けに専用のセンサーを用意するのではなく、カメラモジュールという汎用のセンサーからの情報を使って、さまざまな対象物を認識することができるのです。

　この章では、カメラモジュールからの画像を使って、人間の顔を認識するAIを搭載した、ペットロボットを作成します。

◆ ハードウェアの構成

　この章で作成するペットロボットには、LED回路を使って感情表現できる「顔」と、カメラモジュールからの画像を使って人間の顔を認識し、個人を識別して記憶する機能を作成します。

　ペットロボットの本体については、既製品のぬいぐるみを利用して、顔の部分の布を切り抜いてユニバーサル基盤を取り付け、胴体部分にJetson Nanoを搭載することで作成します。

●顔認識ペットロボットの概要

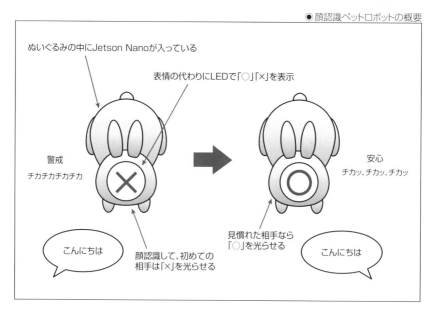

◆ソフトウェアの構成

　顔認識ペットロボットを作成するために必要となるのは、カメラモジュールが撮影した画像
の中の、どの位置に顔が写っているかを判断する顔検出アルゴリズムと、その顔を認識して、
記憶している個人と同一人物かを判定する顔認識アルゴリズムです。

●ソフトウェアの構成

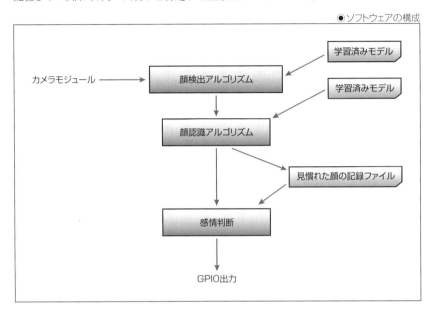

　顔検出と顔認識アルゴリズムについては、一般的な人間の顔を扱うことができる汎用のモ
デルが、Pythonのパッケージとして公開されているので、それを利用します。

　そして、認識した顔の特徴をファイルに保存しておき、何回ペットロボットの前に現れたかの
回数をもとに、どのような反応をすべきかを決定します。

　そして、ペットロボットの反応は、GPIOポートを通じてLEDが搭載された基盤へと出力され
ます。

◆使用するパッケージ

　カメラから画像を利用して、顔を認識するためには、画像の中のどの位置に顔があるかを
判断する顔検出アルゴリズムと、顔の画像から、個人を識別できる顔認識アルゴリズムとが必
要になります。

　その両方を簡単に扱える、「face_recognition」というPythonのパッケージがあるので、ここ
ではそのパッケージを利用してプログラムを作成します。「face_recognition」パッケージを利
用できるようにするには、Jetson Nanoのコンソールから、次のコマンドを実行します。

```
$ sudo pip3 install face_recognition
```

◉LEDの点滅による表現

この章で作成するペットロボットが出力できる反応は、「顔」の部分に埋め込まれたLEDの光だけです。LEDは、○の形と×の形の2つの形で点灯することができて、それぞれの点滅のパターンで、ペットロボットの反応を表現します。

◆LEDを点滅させて感情を表現する

ペットロボットの反応としてはLEDの点滅だけとなりますが、いくつかのパターンを用意することで、ペットロボットの感情を表現することにします。

ここでは、カメラモジュールに人間の顔が写っている間は、下表の点滅のパターンに従って、○の形と×の形の2つの形でLEDを点滅させます。

●感情表現のパターン

感情表現	点滅するLED	点滅パターン
警戒	×を激しく点滅	0.5秒間隔でON/OFF
とまどい	×を緩やかに点滅	1秒ONの後、2秒OFF
中立	○と×を交互に点滅	1秒ごとに切り替わる
慣れ	○を緩やかに点滅	1秒ONの後、2秒OFF
愛情	○を激しく点滅	0.5秒間隔でON/OFF

ペットロボットはカメラモジュールに写った顔を記憶していき、ペットロボットに相対する回数が増えるにつれ、ペットロボットの反応も「警戒」から「愛情」まで、徐々に変わっていくことになります。

1

1

1

SECTION-017

ペットロボットのハードウェア

●LED基盤の回路図

作成するペットロボットの概要に従って、実際のハードウェアを作成していきます。

本体の外見については、どのように作成しても構わないのですが、この章で紹介する内容としては、カメラから顔認識とLEDによる感情表現がテーマなので、まずはペットロボットの「顔」となるLED基盤を作成します。

◆トランジスタによるスイッチング

ここで作成するLED基盤では、たくさんのLEDを光らせる必要があるので、そのために必要となる電流を制御する回路も必要となります。

そこで、トランジスタという電子部品を使用した、電流のスイッチング回路を使用します。トランジスタとは、CHAPTER 01の42ページで紹介したように、3つの端子を持つ電子部品で、それぞれの端子には、エミッタ、ベース、コレクタという名前が付いています。

トランジスタは利用する電圧や電流などの条件により、さまざまな外見をしていますが、この章で使用する「2SC2655」というトランジスタの場合、それぞれの端子は下図のようになっています。

●トランジスタの端子の名前

この章では、このトランジスタを「エミッタ接地回路」という回路で使用します。

「2SC2655」のようなNPNトランジスタの場合、端子のエミッタをGNDに接続し、ベースに対して与える電圧を制御してやると、その電圧でコレクタに流れる電流をコントロールすることができます。このような使い方を、スイッチングと呼びます。

●トランジスタによるスイッチング

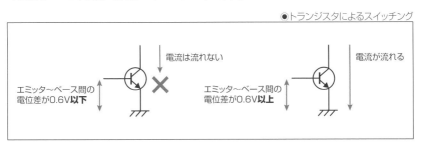

　NPNトランジスタによるスイッチングでは、前ページの図のように、エミッタ～ベース間の電位差が0.6V以上になると、コレクタからエミッタへと大きな電流が流れます。

　そこで、トランジスタのベースをJetson NanoのGPIOポートへと接続し、GPIOポートの出力電圧をコントロールすることで、ソフトウェアからトランジスタのコレクタへ流れる電流をコントロールできるようになります。

　後は、必要なLEDをトランジスタのコレクタへと接続することで、トランジスタに電流が流れればLEDが光るように回路を作成します。

◆ LEDを駆動する回路

　ここでは、○の形に配置するLEDには青色LEDを、×の形に配置するLEDには赤色LEDを使用しました。そして、それぞれLEDの抵抗器と直列に接続して、青色LEDは12個、赤色LEDは13個、使用します。

　LEDと直列に接続する抵抗器は、LEDに流れる電流を制限する役割があり、青色LEDには47Ωのものを、赤色LEDには100Ωのものを使用します。

　それらの電子部品の接続について、回路図にすると次のようになります。

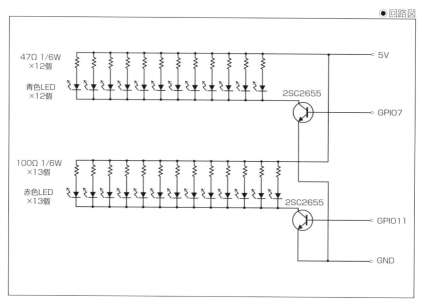

●回路図

　LEDの電源にはJetson Nanoの5V端子を接続し、トランジスタのベースにはJetson NanoのGPIOポートの7番と11番を接続します。また、トランジスタのエミッタはJetson NanoのGNDに接続し、GPIOポートの出力がトランジスタのエミッタ～ベース間の電位差となるようにします。

● ユニバーサル基盤への実装

　後は回路図の通りに電子部品を接続するだけですが、回路図は電子部品同士の接続を抽象化したものに過ぎないので、実際の物理的な配置は再現していません。

　この章で作成するLED基盤の場合、LEDが○と×の形通りに配置されている必要があるので、LEDの位置が正しくなるように考慮して基盤を作成する必要があります。

◆ 実体配線図

　この章で作成するLED基盤では、配置する部品の数が多いので、やや大きめのユニバーサル基板を使い、実体配線図を用意してから実装を始めます。

　青色LEDを○の形に、赤色LEDを×の形に配置して、かつ回路図の通りに接続するには、次のような配置で実装すればよいでしょう。

　なお、ここで使用する電子部品のうち、トランジスタとLEDには極性があるので、部品の向きに注意を払う必要があります。LEDの極性は、足の長い方が+で短い方が−ですが、基盤に取り付けてからだと足の長さを判断しにくいので、下の実体配線図はLEDはすべて同じ向きになるように配置しています。そのため、まず最初にLEDをすべて取り付けて、その後で抵抗器と裏側の配線を実装すると作業がやりやすいでしょう。

●実体配線図

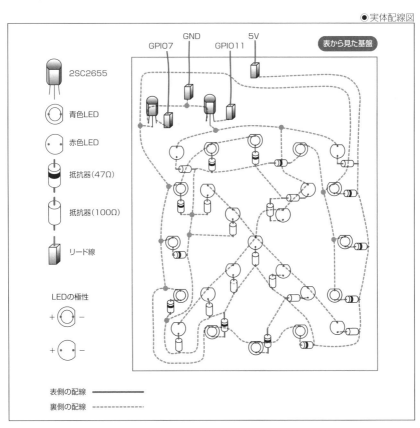

◆ ユニバーサル基板に実装する

　使用する電子部品には、すでに解説したように、トランジスタには「2SC2655」を使用します。また、LEDについては型番の指定はせず、汎用の直径3mmものを使用しました。

●トランジスタ「2SC2655」

●LED

これらの電子部品を実体配線図通りに配置して、裏側の配線も実装すると、次のようになります。基盤に接続するリード線は、CHAPTER 03と同じくオス-メスのジャンパピンを使い、Jetson Nanoに接続できるようにします。

◉表側

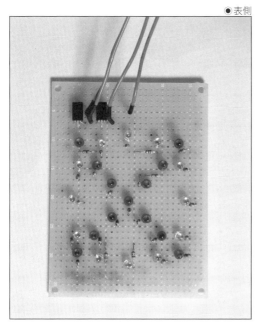

◉裏側

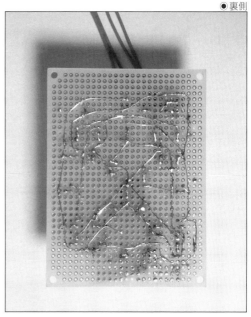

実装が終わったら、実際にLEDを光らせてLED基盤の動作確認を行いましょう。

それには、まずLED基盤から出ているリード線のうち、5VとGNDのものをJetson Nanoの5VとGNDのピンに接続します。そして、GPIOポートに接続するリード線を、Jetson Nanoの3.3Vのピンに接続すると、対応するLEDが光るはずです。対応するJetson Nanoのピンについては、CHAPTER 03の1009ページを参照してください。

もし、まったくLEDが光らない場合は、トランジスタの極性と配線をチェックしてください。いくつかのLEDのみが光らない場合は、LEDの極性をチェックしてください。Jetson Nanoがシャットダウンしてしまう場合は配線が間違っており、5VとGNDの配線がどこかでショートしています。

●青色LEDのチェック

●赤色LEDのチェック

ぬいぐるみを改造してロボットにする

次に、作成したLED基盤を搭載した、ペットロボットの本体を作成します。

ここでは、ペットロボットの本体を一から作成するのではなく、既製品のぬいぐるみを改造しますが、手芸に自信があるならば本体そのものを一から自作してもいいですし、メカ風の外見が好みであればプラモデルなどを流用してもよいでしょう。

◆ 顔部分の作成

ペットロボットの「顔」部分は、次の写真のように、ぬいぐるみの顔部分の布を切り抜き、綿の代わりにLED基盤とカメラモジュールを入れて、半透明なアクリル板で切り抜いた部分を塞ぎました。アクリル板のカメラモジュールがくる位置には、ステップドリルで穴を開け、カメラの視界を遮らないようにしています。

ユニバーサル基板は、ぬいぐるみの頭の大きさに収まるように、配線に使っていない部分を削って、大きさを調整しています。

カメラモジュールをユニバーサル基板に両面テープで貼り付け、アクリル板を多用途接着剤で接着した以外は固定されていませんが、サイズをぴったりに合わせたので、LED基盤がぐらついたり動いたりはしません。

◉ペットロボット本体

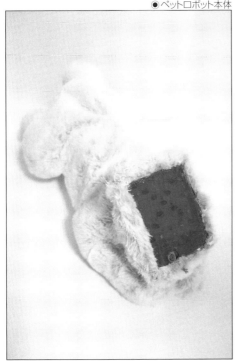

◉カメラモジュール周り

05 CHAPTER 顔認識を行うペットロボットの作成

◆ ぬいぐるみの胴体にJetson Nanoを仕込む

　ぬいぐるみの胴体部分は、次のように切り開いて、綿を取り出し、段ボールなどを使用して
Jetson Nanoを納めるスペースを作成します。そして、首を通じてリード線とカメラモジュール
の配線を胴体部分へと取り出します。

　注意点としては、Jetson Nanoのヒートシンクはかなり熱くなる場合があるので、Jetson
Nanoが綿に埋もれるような搭載の仕方はしてはいけません。熱対策として、必ず十分なスペー
スと放熱の隙間を用意する必要があります。

●Jetson Nanoの搭載スペース

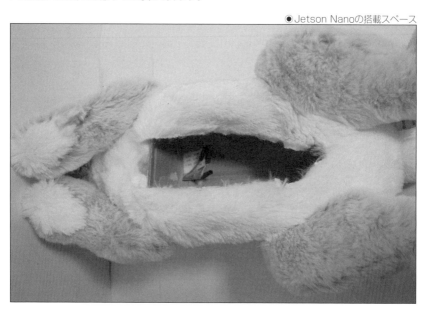

　熱が発生するため、最終的にJetson Nanoを搭載して完成した後も、ぬいぐるみの隙間は
閉じずに通気を確保します。あるいは、十分なスペースが取れない場合は、冷却ファンの搭
載も検討する必要があります。

顔認識プログラムの作成

🔵 LEDの制御

ペットロボットの本体が完成したら、次は顔認識の結果に従ってLEDを点滅させるプログラムを作成します。

この章で作成するペットロボットの場合、プログラムから制御する必要があるハードウェアはLED基盤だけなので、顔認識の結果をもとにGPIOポートの出力を制御します。

◆ GPIOを初期化する

まずは必要なパッケージをインポートします。「chapt05-1.py」という名前のファイルを作成して、次のコードを保存します。

SOURCE CODE ‖ chapt05-1.pyのコード

```
from PIL import Image
import threading
import time
import face_recognition
import cv2
import numpy as np
import pickle
from time import sleep, time
import os
import datetime
```

そして、GPIOポートの初期化を行います。GPIOをPythonから使うためのパッケージと、ピン番号の設定については、CHAPTER 03の102ページを参照してください。

SOURCE CODE ‖ chapt05-1.pyのコード

```
# GPIOポートを設定する
import Jetson.GPIO as GPIO
GPIO.setmode(GPIO.BOARD)
GPIO.setup(7, GPIO.OUT)
GPIO.setup(11, GPIO.OUT)
# 初期状態の設定
GPIO.output(7, GPIO.LOW)
GPIO.output(11, GPIO.LOW)
```

◆ 点滅のパターンを用意する

　次に、LEDの点滅パターンをPythonプログラム内に変数として定義しておきます。170ページの表にある、警戒から愛情までの感情表現を、0.5秒ごとにどの色のLEDを光らせるか、でパターンとしたものは、次のようになります。

SOURCE CODE ‖ chapt05-1.pyのコード

```python
# LEDを光らせるパターン(0.5秒単位)
led_pattern = {
    0: [0],
    1: [1,0],
    2: [1,1,0,0,0,0],
    3: [1,1,2,2],
    4: [2,2,0,0,0,0],
    5: [2,0],
}
```

　ここで定義している「led_pattern」変数は、出力する感情表現と対応するLEDの点滅パターンのディクショナリで、パターン内の値が「0」の場合はLEDは点灯せず、「1」の場合は○の形の青色LEDを、「2」の場合は×の形の赤色LEDを光らせる、という意味になります。

　そして、パターンとして定義している配列から、0.5秒ごとに次の値を取り出して、GPIOポートの出力とします。

◆ 変数を見てLEDを点滅させる

　実際にGPIOポートへ値を出力し、LEDを点滅させるコードは、スレッドとして実装します。まず、プログラムのグローバル位置に「led_status」と「led_time」という名前の変数を定義します。

SOURCE CODE ‖ chapt05-1.pyのコード

```python
# LEDの状態
led_status = 0
led_time = 0
```

　この変数は、ペットロボットの感情表現を定義するもので、「led_status」変数の値を変更することで、LEDの点滅パターンを変化させるようにします。

　そして、0.5秒ごとにスレッド内で変数の値をチェックし、現在の値に従ったGPIOポートの値を出力します。それには次のように、「led_pattern_output」という名前の関数を定義し、その中で「led_status」と「led_time」変数を参照します。「led_time」変数は、現在の感情表現の配列内での、参照する値のインデックスで、関数の実行時に1ずつ値が増えます。そして、「led_pattern」から取得した、光らせる必要のあるLEDの値を取得した後、いったんGPIOポートの出力をクリアし、対応するGPIOポートへ値を出力します。

SOURCE CODE || chapt05-1.pyのコード

```python
# スレッドの実装
def led_pattern_output():
    # スレッド内で使用する変数
    global led_time
    local_led_status = led_status
    # 0.5秒ごとに実行される
    if led_time >= len(led_pattern[local_led_status]):
        led_time = 0
    # 光らせるLEDを取得
    stat = led_pattern[local_led_status][led_time]
    led_time += 1
    # 一旦GPIOをクリアする
    GPIO.output(7, GPIO.LOW)
    GPIO.output(11, GPIO.LOW)
    if stat == 1: # ○を光らせる
        GPIO.output(7, GPIO.HIGH)
    elif stat == 2: # ×を光らせる
        GPIO.output(11, GPIO.HIGH)
    # 0.5秒後に再び実行
    threading.Timer(0.5,led_pattern_output).start()
```

　「led_pattern_output」関数の最後では、スレッドの「Timer」機能を使用して、0.5秒後に再び関数が呼び出されるようにします。

　そして、次のように新しいスレッドで「led_pattern_output」関数を実行すれば、「led_pattern_output」関数は常に0.5秒ごとに呼び出されるようになります。

SOURCE CODE || chapt05-1.pyのコード

```python
# スレッドを起動する
threading.Thread(target=led_pattern_output).start()
```

顔認識を行い記憶する

　LEDの制御を行うコードが完成したので、次にカメラから画像をもとに顔認識を行うためのコードを作成します。

　ここで使用する「face_recognition」パッケージでは、顔認識の結果は、認識した顔の特徴が含まれているベクトルとして返されます。そこで、まずは、顔認識の結果を扱うための関数を作成していきます。

◆ 顔の情報をファイルに保存する

　最初に作成するのは、顔認識の結果をファイルに保存し、再起動したときに記憶した顔を読み込むためのコードです。顔認識の結果は、「known_faces」と「known_metadata」という名前の変数に保存することとして、その変数をpickleでファイルに保存します。

SOURCE CODE || chapt05-1.pyのコード

```python
# 記憶した顔と、その人に関する情報
known_faces = []
known_metadata = []

# データをファイルに保存する
def save_known_faces():
    if len(known_faces) == len(known_metadata):
        with open("known_faces.pickle", "wb") as f:
            face_data = (known_faces, known_metadata)
            pickle.dump(face_data, f)
```

　ここでは「known_faces.pickle」という名前のファイルに、顔認識の結果を保存しています。そして、次の関数で保存したファイルを読み込みます。ここでは、読み込んだデータの整合性チェックのために、変数に含まれているデータの数が同じであるか確かめるようにしました。

SOURCE CODE || chapt05-1.pyのコード

```python
# ファイルからデータを読み込む
def load_known_faces():
    global known_faces, known_metadata
    if os.path.isfile("known_faces.pickle"):
        with open("known_faces.pickle", "rb") as f:
            a, b = pickle.load(f)
            if len(a) == len(b): # 整合性チェック
                known_faces, known_metadata = a, b
```

◆ 新しく検出した顔を登録する

　「known_faces」と「known_metadata」変数には、認識した顔の特徴となるベクトルと、認識した日時などのデータを格納します。新しく顔認識の結果が増えた場合は、次の関数を呼び出して、現在の日時とともに認識した顔の特徴となるベクトルを「known_faces」変数に追加します。

　「known_metadata」変数に追加するデータは、最初に認識した日時、現在その顔を認識している場合に、継続して認識しているセッションの最初に認識した日時、最後に認識した日時、そしてこれまでに認識したセッションの数、となります。それらのデータは次のようにディクショナリとして「known_metadata」変数に追加します。

SOURCE CODE || chapt05-1.pyのコード

```python
# 新しい顔を登録する
def register_new_face(face_encoding):
    known_faces.append(face_encoding)
    known_metadata.append({
        "first_seen": datetime.now(),  # 最初に見た日時
        "interaction": datetime.now(),  # 今回、最初に見た日時
        "last_seen": datetime.now(),  # 最後に見た日時
        "seen_count": 1,  # 見た回数
    })
```

◆ 同一の顔を検索する

　次に、「known_faces」と「known_metadata」変数を検索して、認識した顔と同じ人物を覚えているか検索する関数です。「face_recognition」パッケージでは、「face_distance」関数を使用して、顔認識の結果の特徴ベクトル間の距離を求めることができます。ここでは、以前に認識した顔の特徴ベクトルと、0.65以下の距離であれば同じ人物と判定するようにしました。

　そして、同じ人物の顔を覚えていた場合、最後に認識した日時を更新し、そのデータを返します。ただし、前回の認識した日時から1時間以上が経っていた場合、新しいセッションとして扱い、認識した回数を増やします。

SOURCE CODE | chapt05-1.pyのコード

```python
# 認識した顔を探す
def lookup_known_face(face):
    metadata = None
    if len(known_faces) == 0:  # 何も覚えていない
        return metadata
    # 顔の一致を調べるため、類似度を計算する
    d = face_recognition.face_distance(known_faces, face)
    # face_distancesは、覚えている顔との距離(ベクトル間の角度)
    face_distances = list(d)
    # 距離が最も小さい顔のインデックス
    best_match_index = np.argmin(face_distances)
    # 距離が0.65より小さければ、覚えている顔とする
    if face_distances[best_match_index] < 0.65:
        # 顔の情報を取得する
        metadata = known_metadata[best_match_index]
        # 最後に見た日時を更新
        metadata["last_seen"] = datetime.now()
        # 60分以上経っていたら新しいセッションとする
        if datetime.now() - metadata["interaction"] > \
                        timedelta(minutes=60):
            metadata["interaction"] = datetime.now()
            metadata["seen_count"] += 1
    return metadata
```

▶ 対応する感情表現を出力する

カメラから画像を取得して処理する部分は、これまでの章で作成してきたコードと基本的には同じものになります。まずは、カメラから画像を1フレームずつ取得して、PillowのImageで返す関数を作成します。

SOURCE CODE ‖ chapt05-1.pyのコード

```python
gst = "nvarguscamerasrc ! " \
    "video/x-raw(memory:NVMM),width=320,height=240," \
    "framerate=30/1,format=NV12 ! " \
    "nvvidconv ! " \
    "video/x-raw,format=BGRx ! " \
    "videoconvert ! " \
    "appsink drop=true sync=false"
# OpenCVのビデオキャプチャでカメラを開く
video_capture = cv2.VideoCapture(gst, cv2.CAP_GSTREAMER)

FLIP_CAMERA = True  # 上下反転させる場合True
# カメラから1フレーム画像を取得する
def get_frame():
    # カメラからキャプチャする
    ret, frame = video_capture.read()
    # 画像を正しい形式に変形する
    if FLIP_CAMERA:  # カメラの向きに対応
        frame = cv2.flip(frame, 0)  # 上下反転
    small_frame = cv2.resize(frame, (320, 240))
    capture_frame = small_frame[:, :, ::-1]
    # PillowのImageで返す
    return Image.fromarray(capture_frame)
```

そして、これまでの章と同じように、カメラから画像を取得する無限ループを作成し、その中で先ほどの関数を呼び出します。取得した画像は、Numpyの「asarray」関数で、Numpy形式のデータとしておきます。

無限ループの起動前に、「load_known_faces」関数を呼び出して、以前の結果を読み込んでおく必要もあります。

SOURCE CODE ‖ chapt05-1.pyのコード

```python
# 以前のファイルを読み込む
load_known_faces()

# 無限ループ
while True:
    pil_image = get_frame()  # 写真を撮影
    image = np.asarray(pil_image)  # numpy形式にする

    # ここで顔検出と顔認識を行う
```

```
# 顔認識の結果を記録してある情報から探す

# 顔認識の結果から感情表現を求める
```

◆ 顔認識を行う

カメラから画像をもとに顔認識を行うには、まず、画像のどこに顔が写っているかを判定する顔検出と、その顔画像を認識する顔認識の2つのステップが必要になります。

「face_recognition」パッケージでは、「face_locations」関数で顔検出を、「face_encodings」関数で顔認識を行うことができるので、次のように顔検出と顔認識を行います。

SOURCE CODE || chapt05-1.pyのコード

```
# 顔検出
locations = face_recognition.face_locations(image)
# 検出した顔すべてに対して顔認識アルゴリズムを実行
encodings = face_recognition.face_encodings(image, locations)
```

カメラから画像から複数の顔が検出された場合は、その顔すべてに対して顔認識が実行されることになります。そのため、「encodings」変数に入るのは、顔認識の結果のベクトルの配列となります。

◆ 記録してある顔とのマッチングを行う

そして、「encodings」変数に入っている顔の特徴ベクトルすべてに対して、記憶している顔と一致するものがあるかを、先ほど作成した「lookup_known_face」関数で検索します。

検索した結果があれば、その結果から認識した回数を、結果がなければ、はじめての顔ということで1回を、その顔に対する見た回数とします。

そして、カメラの画像から認識できたすべての顔に対して実行した後に、最大の回数となったものを、感情表現の根拠となる回数とします。

SOURCE CODE || chapt05-1.pyのコード

```
# 記憶した顔と最もよく似た顔の、これまで見た回数
seen_count = 0
# 認識した顔すべてに対してループ
for encoding in encodings:
    # 記憶した顔から検索
    m = lookup_known_face(fencoding)
    if m is None:  # 記憶した顔に合致するものがない
        register_new_face(fencoding)  # 新しく登録
        seen_count = max(seen_count, 1)  # 一回目
    else:  # 記憶した顔に合致するものがあった
        c = metadata["seen_count"]  # これまで見た回数
        seen_count = max(seen_count, c)  # 最大の回数を取る
```

◆ 登場した回数でLEDを点滅させる

　後は、その回数をもとに、どの感情表現でLEDを点滅させるかを決定します。

　ここでは次のように、1回目であれば警戒、それ以降は見た回数が1回増えるごとに感情表現が1つずつ好転し、5回以上見た顔に対しては愛情の感情表現を行うようにしました。

　作成した感情表現の値は、「led_status」変数へ代入することで、別スレッドで起動中の関数が、LEDの点滅パターンとしてGPIOポートへ出力してくれます。

　また、作成した感情表現の値が前回の感情表現と異なっていれば、「save_known_faces」関数を呼び出して、現在の記憶をファイルに保存しておきます。

SOURCE CODE ‖ chapt05-1.pyのコード

```
# 感情表現を選ぶ
status = 0
if seen_count == 0:   # 顔が検出されなかった
    status = 0
elif seen_count == 1:   # 1回目・・・警戒
    status = 5
elif seen_count == 2:   # 2回目・・・とまどい
    status = 4
elif seen_count == 3:   # 3回目・・・中立
    status = 3
elif seen_count == 4:   # 4回目・・・慣れ
    status = 2
else:                   # 5回目以上・・・愛情
    status = 1
# LEDの点滅パターンをセットする
if status != led_status:
    save_known_faces()   # ファイルに保存する
    led_status = status
```

　最後に、無限ループの外側になるため実行されることはありませんが、カメラのデバイスを解放して終了処理を行うコードも作成しておきます。

SOURCE CODE ‖ chapt05-1.pyのコード

```
# 終了コード(実行されない)
video_capture.release()
```

最終的なソースコード

以上の内容をまとめると、顔認識の結果からペットロボットの感情表現を出力するプログラム全体は、次のようになります。

SOURCE CODE ‖ chapt05-1.pyのコード

```python
from PIL import Image
import threading
import time
import face_recognition
import cv2
import numpy as np
import pickle
from time import sleep, time
import os
import datetime

# GPIOポートを設定する
import Jetson.GPIO as GPIO
GPIO.setmode(GPIO.BOARD)
GPIO.setup(7, GPIO.OUT)
GPIO.setup(11, GPIO.OUT)
# 初期状態の設定
GPIO.output(7, GPIO.LOW)
GPIO.output(11, GPIO.LOW)

# LEDを光らせるパターン(0.5秒単位)
led_pattern = {
    0: [0],
    1: [1,0],
    2: [1,1,0,0,0,0],
    3: [1,1,2,2],
    4: [2,2,0,0,0,0],
    5: [2,0],
}
# LEDの状態
led_status = 0
led_time = 0
# スレッドの実装
def led_pattern_output():
    # スレッド内で使用する変数
    global led_time
    local_led_status = led_status
    # 0.5秒ごとに実行される
    if led_time >= len(led_pattern[local_led_status]):
        led_time = 0
```

```python
    # 光らせるLEDを取得
    stat = led_pattern[local_led_status][led_time]
    led_time += 1
    # 一旦GPIOをクリアする
    GPIO.output(7, GPIO.LOW)
    GPIO.output(11, GPIO.LOW)
    if stat == 1: # ○を光らせる
        GPIO.output(7, GPIO.HIGH)
    elif stat == 2: # ×を光らせる
        GPIO.output(11, GPIO.HIGH)
    # 0.5秒後に再び実行
    threading.Timer(0.5,led_pattern_output).start()

# スレッドを起動する
threading.Thread(target=led_pattern_output).start()

# 記憶した顔と、その人に関する情報
known_faces = []
known_metadata = []

# データをファイルに保存する
def save_known_faces():
    if len(known_faces) == len(known_metadata):
        with open("known_faces.pickle", "wb") as f:
            face_data = (known_faces, known_metadata)
            pickle.dump(face_data, f)

# ファイルからデータを読み込む
def load_known_faces():
    global known_faces, known_metadata
    if os.path.isfile("known_faces.pickle"):
        with open("known_faces.pickle", "rb") as f:
            a, b = pickle.load(f)
            if len(a) == len(b): # 整合性チェック
                known_faces, known_metadata = a, b

# 新しい顔を登録する
def register_new_face(face_encoding):
    known_faces.append(face_encoding)
    known_metadata.append({
        "first_seen": datetime.now(),  # 最初に見た日時
        "interaction": datetime.now(),  # 今回、最初に見た日時
        "last_seen": datetime.now(),  # 最後に見た日時
        "seen_count": 1,  # 見た回数
    })
```

```python
# 認識した顔を探す
def lookup_known_face(face):
    metadata = None
    if len(known_faces) == 0:  # 何も覚えていない
        return metadata
    # 顔の一致を調べるため、類似度を計算する
    d = face_recognition.face_distance(known_faces, face)
    # face_distancesは、覚えている顔との距離（ベクトル間の角度）
    face_distances = list(d)
    # 距離が最も小さい顔のインデックス
    best_match_index = np.argmin(face_distances)
    # 距離が0.65より小さければ、覚えている顔とする
    if face_distances[best_match_index] < 0.65:
        # 顔の情報を取得する
        metadata = known_metadata[best_match_index]
        # 最後に見た日時を更新
        metadata["last_seen"] = datetime.now()
        # 60分以上経っていたら新しいセッションとする
        if datetime.now() - metadata["interaction"] > \
                        timedelta(minutes=60):
            metadata["interaction"] = datetime.now()
            metadata["seen_count"] += 1
    return metadata


gst = "nvarguscamerasrc ! " \
    "video/x-raw(memory:NVMM),width=320,height=240," \
    "framerate=30/1,format=NV12 ! " \
    "nvvidconv ! " \
    "video/x-raw,format=BGRx ! " \
    "videoconvert ! " \
    "appsink drop=true sync=false"
# OpenCVのビデオキャプチャでカメラを開く
video_capture = cv2.VideoCapture(gst, cv2.CAP_GSTREAMER)

FLIP_CAMERA = True  # 上下反転させる場合True
# カメラから1フレーム画像を取得する
def get_frame():
    # カメラからキャプチャする
    ret, frame = video_capture.read()
    # 画像を正しい形式に変形する
    if FLIP_CAMERA:  # カメラの向きに対応
        frame = cv2.flip(frame, 0)  # 上下反転
    small_frame = cv2.resize(frame, (320, 240))
    capture_frame = small_frame[:, :, ::-1]
    # PillowのImageで返す
    return Image.fromarray(capture_frame)
```

▼

```python
# 以前のファイルを読み込む
load_known_faces()

# 無限ループ
while True:
    pil_image = get_frame()  # 写真を撮影
    image = np.asarray(pil_image)  # numpy形式にする
    # 顔検出
    locations = face_recognition.face_locations(image)
    # 検出した顔すべてに対して顔認識アルゴリズムを実行
    encodings = face_recognition.face_encodings(image, locations)
    # 記憶した顔と最もよく似た顔の、これまで見た回数
    seen_count = 0
    # 認識した顔すべてに対してループ
    for encoding in encodings:
        # 記憶した顔から検索
        m = lookup_known_face(fencoding)
        if m is None:  # 記憶した顔に合致するものがない
            register_new_face(fencoding)  # 新しく登録
            seen_count = max(seen_count, 1)  # 一回目
        else:  # 記憶した顔に合致するものがあった
            c = metadata["seen_count"]  # これまで見た回数
            seen_count = max(seen_count, c)  # 最大の回数を取る
    # 感情表現を選ぶ
    status = 0
    if seen_count == 0:  # 顔が検出されなかった
        status = 0
    elif seen_count == 1:  # 1回目・・・警戒
        status = 5
    elif seen_count == 2:  # 2回目・・・とまどい
        status = 4
    elif seen_count == 3:  # 3回目・・・中立
        status = 3
    elif seen_count == 4:  # 4回目・・・慣れ
        status = 2
    else:                  # 5回目以上・・・愛情
        status = 1
    # LEDの点滅パターンをセットする
    if status != led_status:
        save_known_faces()  # ファイルに保存する
        led_status = status

# 終了コード(実行されない)
video_capture.release()
```

　このコードを、Jetson Nanoが起動したときに、学習済みのニューラルネットワークをダウンロードしたユーザーの権限で起動するように、CHAPTER 01の48ページに従って設定します。

　後は、Jetson Nanoをペットロボットの本体に取り付け、電源を投入すると、カメラに人の顔が写るたびに顔のLEDが何らかのパターンで点滅するようになります。

　そして、ペットロボットが顔を覚えていくにつれて、点滅パターンが×から〇へと変化していきます。

●〇の形に青色LEDが点灯したところ

●×の形に赤色LEDが点灯したところ

CHAPTER 06

ペットロボットの改良

SECTION-019

ペットロボットにセンサーを接続する

▶ 物理的アクションを検出する

　人間には、視覚の他にも聴覚や触覚など、さまざまな感覚器官が備わっていますが、Jetson Nanoのようなデバイスでも、外部にセンサーデバイスを接続することで、さまざまな周囲の環境をモニタリングできるようになります。

　この章では、ロボットにとっての平衡感覚に相当する、加速度センサーを使用し、人間に抱き上げられた場合や振り回された場合に応答できるように、前章で作成したペットロボットを改良します。

　Jetson Nanoのようなデバイスがセンサーデバイスからのデータを受け取るには、A/D変換などを通じてデジタル信号としたものをGPIOポートから受け取る、I2Cなどの規格化された信号を出力できるセンサーチップを使う、などの方法がありますが、ここではI2Cという規格でJetson Nanoに接続できるセンサーチップを使用します。

　そして、画像認識AIがカメラモジュールからの画像を解析して、周囲の環境を認識したように、機械学習モデルを使用して、センサーデバイスからの入力を解析すると、デバイスの置かれている状態を把握することにします。

◆ I2Cとは

　I2Cとは、電子機器の内部バスについての仕様で、小型の基板や電子部品同士を、シンプルな信号線で接続するための規格です。I2Cは、2本の信号線からなるシリアル通信を基本としており、Jetson Nanoでも、GPIOポートに2チャンネルのI2Cポートが用意されています。

　組み込み用途では、チップレベルでI2Cに対応している製品が多くあり、そうした製品は、特別なインターフェイスを用意しなくても、直接、制御ボードへと接続することができるので、携帯電話など小型化を要求される機器では標準的な内部バスとして利用されています。

　また、Jetson Nanoだけではなく、Raspberry PiやArduinoなどの小型CPUボードでもI2Cが利用できるため、I2Cに対応しているパーツは、そうしたCPUボード向けに作られた製品であっても、多くの場合共通して利用することができます。

◆ 利用するセンサー

　この章では、I2Cに対応したセンサーをJetson Nanoに接続して、センサーからの値を読み込みます。この章で利用するのは、「MPU-6050」というセンサーチップを搭載している、モジュール基盤です。ここでは、wavesが発売している、「GY-521」というジャイロセンサーを搭載した製品を利用しました。「MPU-6050」を搭載したセンサーモジュールは、「GY-521」以外にもいくつか発売されていますが、それらについても、この章で紹介する内容は、そのまま利用することができます。

194

●GY-521

この「GY-521」は、Arduinoなどの小型CPUボード向けの周辺機器として発売されており、I2Cに対応しているため、Jetson Nanoでもそのまま流用して利用することができます。

「MPU-6050」は、3軸のジャイロセンサーと、3軸の加速度センサーを搭載したセンサーチップで、X、Y、Zそれぞれの軸に対して、移動の加速度と、回転を検出することができます。

▶ 抱き上げられたアクションに対する反応

この章ではセンサーモジュールから取得したデータをもとに、ペットロボットが抱き上げられているか、乱暴に振り回されている場合に、LEDの点滅パターンで応答するようにペットロボットを改良します。

◆ 好感するまたは不快となるアクション

前章で作成したペットロボットは、顔認識の結果のみから、記録のある顔を認識した場合は○、そうでない顔の場合は×のLEDを点滅させていました。

この章ではそれを改良して、通常時には前章の動作のまま、抱き上げられて優しく扱われた場合には○のLEDを点灯させ、振り回されるなど乱暴に扱われた場合は×のLEDを点灯させるようにします。

◉ アクションに対するロボットの反応

優しく抱き上げられた場合は好感　　　　乱暴に扱われた場合は不快

　そして、具体的にどのようなアクションが好感するまたは不快となるかは、あらかじめ加速度の閾値などで定義しておくのではなく、実際にそのようなアクションをペットロボットに対して行い、そのときのセンサーの出力の履歴を、機械学習モデルに学習させることで判断するようにします。

センサーの値を学習

◉ ジャイロセンサーを使う

「MPU-6050」は、半田付けするには小さすぎる小型のICチップですが、組み込みボードを使った電子工作向けに、「MPU-6050」を搭載しているモジュール基板が発売されています。ここでは「GY-521」という製品を使用しましたが、ほとんどの「MPU-6050」を搭載するモジュール基板では、「MPU-6050」の信号ピンに相当する、8個かそれ以上の端子が用意されています。

◆ ジャイロセンサーモジュールを接続する

製品によって端子の位置が異なっている場合がありますが、Jetson Nanoとの接続に使用するのは、「VCC」「GND」「SCL」「SDA」という4つの端子です。通常は、端子の名前が基板上にシルク印刷されているので、その記号を見て必要な端子を使用します。それ以外の端子は、Jetson Nanoとの接続では使用しません。

●「GY-521」の外観

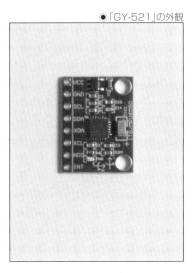

このうち、「VCC」と「GND」は電源のための配線で、Jetson Nanoの3.3VとGNDの端子に配線します。

そして、「SCL」「SDA」はI2C通信のための信号線で、Jetson NanoのI2Cポートに接続しますが、Jetson NanoのI2CポートはGPIOと共通で2ポートあるので、そのどちらかに接続します。

●GPIOのピン配置（再掲）

BCM→	名前→	ピン番号		←名前	←BCM
3V3	3.3VDC	1	2	5.0VDC	5V
2	I2C_2_SDA	3	4	5.0VDC	5V
3	I2C_2_SCL	5	6	GND	GND
4	AUDIO_MCLK	7	8	UART_2_TX	14
GND	GND	9	10	UART_2_RX	15
17	UART_2_RTS	11	12	I2S_4_SCLK	18
27	SPI_2_SCK	13	14	GND	GND
22	LCD_TE	15	16	SPI_2_CS1	23
3V3	3.3VDC	17	18	SPI_2_CS0	24
10	SPI_1_MOSI	19	20	GND	GND
9	SPI_1_MISO	21	22	SPI_2_MISO	25
11	SPI_1_SCK	23	24	SPI_1_CS0	8
GND	GND	25	26	SPI_1_CS1	7
0	I2C_1_SDA	27	28	I2C_1_SCL	1
5	CAM_AF_EN	29	30	GND	GND
6	CPIO_PZ0	31	32	LCD_BL_PWM	12
13	CPIO_PE6	33	34	GND	GND
19	I2S_4_LRCK	35	36	UART_2_CTS	16
26	SPI_2_MOSI	37	38	I2S_4_SDIN	20
GND	GND	39	40	I2S_4_SDOUT	21

CHAPTER 03でも掲載しましたが、Jetson NanoのGPIOのピン配置を上図に再掲します。このピンのうち、I2Cの信号線として利用できるのは、「I2C_1_SCL」「I2C_1_SDA」「I2C_2_SCL」「I2C_2_SDA」の4つで、それぞれがポート1および2の「SCL」と「SDA」に対応しています。

ここでは、ポート2の信号線である、「I2C_2_SCL」と「I2C_2_SDA」に、「GY-521」の「SCL」と「SDA」が接続されるようにします。

●GY-521とJetson Nanoの接続

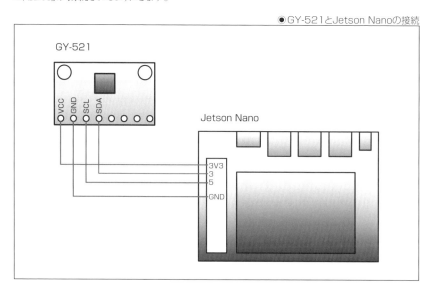

まず、「GY-521」の「VCC」「GND」「SCL」「SDA」端子に、オス–メスのジャンパを半田付けします。

●「GY-521」にジャンパを半田付け

そして、Jetson Nanoの、「3.3V」「GND」「I2C_2_SCL」「I2C_2_SDA」ピン（ピン番号で1、3、5、9番）にそれぞれのジャンパを接続します。

●Jetson Nanoにジャンパを接続

正しく「GY-521」が接続されているならば、Jetson Nanoの電源を入れると、「GY-521」の
LEDが光るはずです。

センサーデバイスがI2Cデバイスとして認識されているかを確認するには、Jetson Nanoに
ディスプレイとキーボードを接続し、コンソールから「sudo i2cdetect -r -y 1」というコマンドを
実行します。

すると次のように、I2Cポート2に接続されているデバイスのIDが表示されます。I2Cでは最
大112個のデバイスを接続することができますが、次の例では0x68番のIDでデバイスが認識
されています。

```
$ sudo i2cdetect -r -y 1
     0  1  2  3  4  5  6  7  8  9  a  b  c  d  e  f
00:          -- -- -- -- -- -- -- -- -- -- -- -- --
10: -- -- -- -- -- -- -- -- -- -- -- -- -- -- -- --
20: -- -- -- -- -- -- -- -- -- -- -- -- -- -- -- --
30: -- -- -- -- -- -- -- -- -- -- -- -- -- -- -- --
40: -- -- -- -- -- -- -- -- -- -- -- -- -- -- -- --
50: -- -- -- -- -- -- -- -- -- -- -- -- -- -- -- --
60: -- -- -- -- -- -- -- -- 68 -- -- -- -- -- -- --
70: -- -- -- -- -- -- -- --
```

◆ センサーのチェック

Jetson Nanoに「GY-521」を接続したら、センサーデバイスが正常に動作しているか、動
作チェックを行います。

まずは、OSのログインユーザーからI2Cデバイスにアクセスできるように、次のようにユーザー
に「i2c」グループを付与します。

```
$ sudo usermod -aG i2c <ユーザー名>
```

次に、PythonからI2Cなどのバスにアクセスするためのパッケージである「smbus」をインス
トールします。

```
$ sudo pip3 install smbus
```

「GY-521」などの「MPU-6050」チップを使用したセンサーについては、C言語で書かれた
ソースコードが公開されていますが、Pythonから利用するためのコードは、「nickcoutsos」と
いうユーザーがGitHubで公開しているので、今回はそれを使います。

まずは次のように、GitHubの「 https://github.com/nickcoutsos/MPU-6050-Python.
git」リポジトリからローカルへとコードをクローンします。

```
$ git clone https://github.com/nickcoutsos/MPU-6050-Python.git
```

そして次のように、「example.py」プログラムを実行します。

```
$ cd MPU-6050-Python
$ python3 example.py
Accelerometer data
x: 2.346317626953125
y: 5.511452221679687
z: 8.614337573242187
Gyroscope data
x: -4.694656488549619
y: -0.5954198473282443
z: 2.015267175572519
Temp: 29.04764705882353 C
Accelerometer data
x: 2.442085693359375
y: 5.5641246582031245
z: 8.59997236328125
Gyroscope data
x: -3.687022900763359
y: -1.3053435114503817
z: 2.9083969465648853
Temp: 29.04764705882353 C
（・・・以下続く）
```

すると、上記のように、1秒ごとにセンサーデバイスからの値がコンソールに出力されます。出力される値は、「MPU-6050」がモニタリングする、3軸の加速度と回転、それと（センサーの補正に使える）温度のデータとなります。

● アクションの履歴を記録

加速度センサーをJetson Nanoに接続してモニタリングできるようになったら、実際に観測されるデータを、ペットロボットの扱われ方に従って分類して記録します。

この章では、センサーからの値を元にペットロボットの反応を決定する部分は、AIによる認識によって行います。

● アクションを学習させるためのデータを記録する

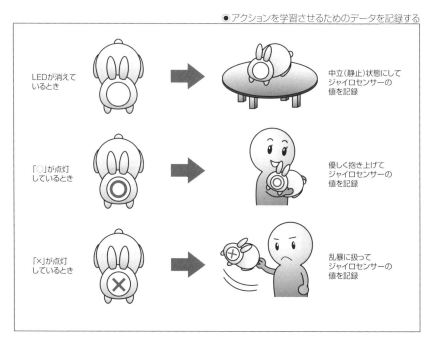

LEDが消えているとき → 中立(静止)状態にしてジャイロセンサーの値を記録

「○」が点灯しているとき → 優しく抱き上げてジャイロセンサーの値を記録

「×」が点灯しているとき → 乱暴に扱ってジャイロセンサーの値を記録

つまり、はじめに、「ペットロボットが好感してほしいアクション」や「ペットロボットが不快になってほしいアクション」を行い、その際のセンサーからの値を記録用のプログラムで保存しておきます。

そして、保存しておいたデータをもとにAIを学習させて、最終的なペットロボットのプログラム内で、今の状態がどのようなアクションをに属するのかを判定します。

● アクションの記録からニューラルネットワークを学習

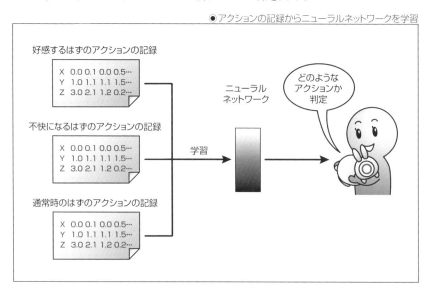

好感するはずのアクションの記録

X 0.0 0.1 0.0 0.5…
Y 1.0 1.1 1.1 1.5…
Z 3.0 2.1 1.2 0.2…

不快になるはずのアクションの記録

X 0.0 0.1 0.0 0.5…
Y 1.0 1.1 1.1 1.5…
Z 3.0 2.1 1.2 0.2…

通常時のはずのアクションの記録

X 0.0 0.1 0.0 0.5…
Y 1.0 1.1 1.1 1.5…
Z 3.0 2.1 1.2 0.2…

学習 →

ニューラルネットワーク

どのようなアクションか判定

◆ LEDを光らせてからアクションを記録する

前章で作成したペットロボットでは、ディスプレイとして○または×の形にLEDを点灯させることができるので、ここではそれを利用して、記録するアクションを識別します。

つまり、ペットロボット用ではないデータ記録用のプログラムを、自動実行されるようにJetson Nanoに設定しておき、Jetson Nanoをペットロボットに接続して起動すると、データの記録が始まります。

データを記録する際には、ペットロボットのLEDが点灯するので、LEDが○の形に光ったら、ペットロボットが好感してほしいアクション（優しく抱き上げる、なでるなど）を行い、LEDが×の形に光ったら、ペットロボットが不快になってほしいアクション（振り回す、逆さまにするなど）を行います。さらに、LEDが消灯しているときには、テーブルの上に置くなど、通常時のセンサーの状態を記録するようにします（前ページの図を参照）。

◆ 記録用のプログラムを作成する

プログラムのうち、センサーからの値を取得する部分は、先ほどGitHubからクローンしたプログラム内にAPIとして利用できるクラスがあるので、それをそのまま利用します。

次のように、「MPU6050.py」というファイルを、現在のディレクトリ内にコピーします。

```
$ cp MPU-6050-Python/MPU6050.py ./
```

そして、記録用のプログラムを作成します。

まず、「MPU6050.py」ファイルをコピーした先と同じディレクトリに、「chapt06-1.py」という名前のファイルを作成し、プログラムの初期化を行うコードを作成します。

SOURCE CODE || chapt06-1.pyのコード

```
# GPIOポートを設定する
import Jetson.GPIO as GPIO
GPIO.setmode(GPIO.BOARD)
GPIO.setup(7, GPIO.OUT)
GPIO.setup(11, GPIO.OUT)
# 初期状態の設定
GPIO.output(7, GPIO.LOW)
GPIO.output(11, GPIO.LOW)

# 3軸ジャイロセンサーを使う
from MPU6050 import MPU6050

sensor = MPU6050(0x68)
```

次に、センサーからの値を取得し、保存するコードを作成します。ここでは、最初に記録開始まで30秒待った後、LEDを光らせた後のセンサーからの値を、0.1秒ごとに合計100回取得し、Pickleファイルとして保存します。

　実際には、LEDを光らせてから記録が開始されるまでに5秒間の間隔を開け、「sensor. get_accel_data()」と「sensor.get_gyro_data()」から加速度と回転の値を取得します。加速度と回転の値はそれぞれX、Y、Z軸の3つの数値を含むため、1回のサンプルあたり6個の数値が取得されます。

　そして、好感、不快、通常時の3つのアクションを記録するのを1セットとし、合計10セット、記録を行います。

SOURCE CODE | chapt06-1.pyのコード

```python
# 揺さぶりの記録を保存する
from time import sleep
import pickle


# 記録開始まで30秒待つ
sleep(30)


for i in range(10): # 10セット記録する
    # ○を光らせて、好感するアクションを記録
    GPIO.output(7, GPIO.HIGH)
    GPIO.output(11, GPIO.LOW)
    # 記録開始まで5秒
    sleep(5)

    list_data = []
    for _ in range(100): # 0.1秒毎に100回の記録
        accel_data = sensor.get_accel_data()
        gyro_data = sensor.get_gyro_data()
        list_data.append( [accel_data['x'],accel_data['y'],accel_data['z'],
                    gyro_data['x'],gyro_data['y'],gyro_data['z'] ] )
        sleep(0.1)
    # 記録を保存する
    with open('favorable%d.pickle'%i, mode='wb') as f:
        pickle.dump(list_data, f)

    # LEDを消して中立的なアクションを記録
    GPIO.output(7, GPIO.LOW)
    GPIO.output(11, GPIO.LOW)
    # 記録開始まで5秒
    sleep(5)

    list_data = []
    for _ in range(100): # 0.1秒毎に100回の記録
        accel_data = sensor.get_accel_data()
        gyro_data = sensor.get_gyro_data()
        list_data.append( [accel_data['x'],accel_data['y'],accel_data['z'],
                    gyro_data['x'],gyro_data['y'],gyro_data['z'] ] )
        sleep(0.1)
```

▼

```
# 記録を保存する
with open('neutrality%d.pickle'%i, mode='wb') as f:
    pickle.dump(list_data, f)

# ×を光らせて、不快となるアクションを記録
GPIO.output(7, GPIO.LOW)
GPIO.output(11, GPIO.HIGH)
# 記録開始まで5秒
sleep(5)

list_data = []
for _ in range(100): # 0.1秒毎に100回の記録
    accel_data = sensor.get_accel_data()
    gyro_data = sensor.get_gyro_data()
    list_data.append( [accel_data['x'],accel_data['y'],accel_data['z'],
                   gyro_data['x'],gyro_data['y'],gyro_data['z'] ] )
    sleep(0.1)
# 記録を保存する
with open('antipathy%d.pickle'%i, mode='wb') as f:
    pickle.dump(list_data, f)
```

最後に、GPIOをクリアしておけば、アクションの記録用プログラムは完成です。

SOURCE CODE ‖ chapt06-1.pyのコード

```
# 終了時にGPIOをLOWに戻す
GPIO.output(7, GPIO.LOW)
GPIO.output(11, GPIO.LOW)
```

◆ 抱き上げて揺さぶり記録する

　プログラムが完成したら、CHAPTER 01の48ページを参照して、記録用のプログラムを自動起動するように設定し、再びJetson Nanoをペットロボットの中に戻します。

　ペットロボットとの配線の他に、センサーモジュールもJetson Nanoに接続し、ペットロボット中でセンサーが暴れないように、両面テープなどで固定します。

◉Jetson Nanoとセンサーモジュールを取り付けたところ

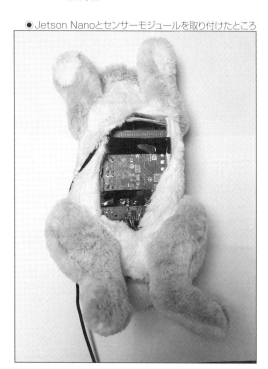

◉Jetson Nanoとセンサーモジュールを取り付け箇所の拡大図

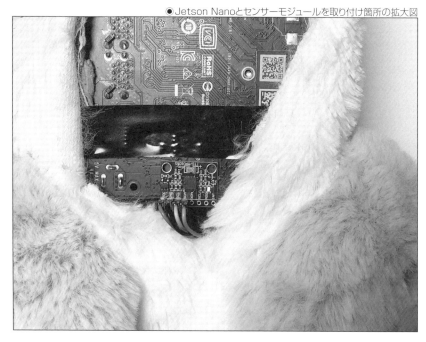

　Jetson Nanoとセンサーモジュールをペットロボット中に取り付けたら、Jetson Nanoの電源を入れ、プログラムの起動を待ちます。

　しばらくすると、ペットロボットのLEDが点灯するので、○の形に光っていたらペットロボットが好感してほしいアクション（優しく抱き上げる、なでるなど）を、×の形に光っていたらペットロボットが不快になってほしいアクション（振り回す、逆さまにするなど）を行い、LEDが消灯しているときには、安定した場所に置いておきます。

　そして、一連のアクションを10セット行うと、favorable0.pickle〜favorable9.pickle、neutrality0.pickle〜neutrality9.pickle、antipathy0.pickle〜antipathy9.pickleという名前で30個のファイルが保存されます。

　これらのファイルが、AIの学習を行うための教師データとなります。

ニューラルネットワークの学習

▶ 時系列データに対するニューラルネットワーク

前節で作成した、センサーモジュールからの値を保存したファイルには、1ファイルあたり100サンプル=約10秒のデータが含まれています。

このデータは時系列データなので、ウィンドウを移動させながら、指定の時間から連続する一定期間のデータを取り出し、学習させることになります。

ここでは、20サンプル分=約2秒間のデータを1ウィンドウとします。100サンプルから20サンプルからなるウィンドウを移動させながらデータを取り出すと、合計80個のデータが生成されます。そして、3つのアクションに対してそれぞれ10個のファイルがあるので、合計240個のデータをニューラルネットワークに学習させることになります。

◆ 使用するニューラルネットワーク

ここでは、時系列データをクラス分類する種類のニューラルネットワークが必要になりますが、学習させるデータ数が少ないのと、分類するクラスが単純なため、過学習しにくいようできるだけシンプルなニューラルネットワークを作成しました。

ニューラルネットワークのモデルでは時系列データを扱うために、LSTMというRNNの一種を使い、プーリング層を使って一次元のデータとします。LSTMの入力は、センサーの値からなる6チャンネル×時間分のウィンドウとなります。LSTMの出力もチャンネル×時間の2次元なので、プーリング層は、torch.mean（AveragePooling）とtorch.max（MaxPooling）を使用して直接計算し、その出力を結合したものとします。そして、出力層となる1階層の全結合層を通じて3チャンネルの値を出力すれば、ニューラルネットワークのモデルは完成します。

このニューラルネットワークを、PyTorchのコードで実装すると、モデルの定義は次のようになります。

```
# RNNモデルを作成する
class NeuralNet(nn.Module):
    def __init__(self):
        super(NeuralNet, self).__init__()
        self.lstm = nn.LSTM(6, 20, bidirectional=True, batch_first=True)
        self.fc = nn.Linear(80, 3)

    def forward(self, x):
        # RNNを実行
        h_lstm, _ = self.lstm(x)
        avg_pool = torch.mean(h_lstm, 1)
        max_pool, _ = torch.max(h_lstm, 1)

        # 全結合して出力
        h_conc = torch.cat((max_pool, avg_pool), 1)
```

▼

```
        h_conc = F.relu(h_conc)
        return self.fc(h_conc)
```

◉ 揺さぶりの記録を学習する

　ニューラルネットワークのモデルができたので、後は学習を行うためのプログラムを作成します。まず、「chapt06-2.py」というファイルを作成し、必要なパッケージをインポートします。

SOURCE CODE ‖ chapt06-2.pyのコード

```
# 必要なパッケージをインポート
import numpy as np
import tqdm
import pickle
import torch
from torch import nn, optim, utils
from torchvision import models, transforms, datasets
import torch.nn.functional as F
```

◆ 学習データセットの定義

　そして、ニューラルネットワークの学習に必要なメタパラメーターを定義しておきます。ここでは、バッチサイズは16、学習回数は3エポックとしています。

SOURCE CODE ‖ chapt06-2.pyのコード

```
# 学習パラメーター
num_epoch = 3   # エポック数
bs = 16   # バッチサイズ
```

　保存しておいたデータを読み込むためのコードは、Pytorchの流儀に従ってデータセットのクラスとして作成しておきます。

　ここで作成する「ActionDataset」クラスは、アクションあたりのファイル数を「num_recoad」として受け取り、「__getitem__」関数で指定されたインデックスにあるデータを返します。インデックスは、データセット全体の中から指定されます。

　3種類のアクションに対して、それぞれ「num_recoad」個のファイルがあり、それぞれのファイルの中に80個のデータがあるため、インデックスからファイルの名前とファイル中の位置を作成して、その場所にあるデータを「torch.tensor」型で返します。

SOURCE CODE ‖ chapt06-2.pyのコード

```
# データセットの定義
class ActionDataset(object):
    def __init__(self, num_recoad):
        self.num_recoad = num_recoad

    def __getitem__(self, idx):
        # 指定された位置にあるデータを取得
        action = idx % 3
```

```
file = (idx//3) // 80
pos = (idx//3) % 80
if action == 0:
    fn = 'favorable%d.pickle'%file
elif action == 1:
    fn = 'neutrality%d.pickle'%file
else:
    fn = 'antipathy%d.pickle'%file
with open(fn, mode='rb') as f:
    data = pickle.load(f)
X = torch.tensor(data[pos:pos+20], dtype=torch.float32)
y = torch.tensor(action, dtype=torch.int64)
return X, y

def __len__(self):
    # データセット全体の長さを返す
    return self.num_recoad * 3 * 80
```

◆ 学習のためのコード

学習のためのコードは、CHAPTER 02で作成したものとほぼ同じです。まずは次のように、ニューラルネットワークのモデルを作成して、CUDAコアのアクラレーターを使用するように設定します。

SOURCE CODE | chapt06-2.pyのコード

```
# モデルのインスタンスを作成する
model = NeuralNet()
# CUDAコアのアクセラレータを使用して学習する
model.cuda()
model.train()
```

そして、クラス分類で使う損失関数を定義し、OptimizerにはAdamアルゴリズムを使用します。

SOURCE CODE | chapt06-2.pyのコード

```
# クラス分類用の学習アルゴリズム
error = nn.CrossEntropyLoss()
# 学習させるパラメーターを指定
optimizer = optim.Adam(model.parameters())
```

さらに、先ほど作成したデータセットから「DataLoader」クラスを作成して、バッチサイズごとにデータを読み込めるようにします。

SOURCE CODE | chapt06-2.pyのコード

```
# 保存したアクションの履歴を読み込むDataLoaderを作成する
dataset = ActionDataset(10)
loader = utils.data.DataLoader(dataset, batch_size=bs, shuffle=True)
```

　後は、学習回数として指定したエポック数だけループを回して、ニューラルネットワークの学習を行います。学習が終わったら、ニューラルネットワークのモデルを「chapt06-action.model」という名前で保存しておきます。

SOURCE CODE | chapt06-2.pyのコード

```python
# 指定エポック分学習させる
for e in range(num_epoch):
    losses = []
    # ミニバッチを読み込む
    for inputs, labels in tqdm.tqdm(loader):
        # CUDAコア上に配置する
        x = inputs.cuda()
        y = labels.cuda()

        # ニューラルネットワークを実行する
        optimizer.zero_grad()
        outputs = model(x)

        # 損失を求める
        loss = error(outputs, y)

        # 逆伝播させる
        loss.backward()
        optimizer.step()

        # 損失の値を保存しておく
        losses.append(loss.item())

    # 現エポックの損失値を表示する
    print("Epoch %d: loss: %f"%(e,np.mean(losses)))

# 学習したモデルを保存する
torch.save(model.state_dict(), "chapt06-action.model")
```

学習用プログラムの実行

　以上の内容をつなげると、最終的にニューラルネットワークの学習を行う「chapt06-2.py」プログラムのコードは、次のようになります。

SOURCE CODE | chapt06-2.pyのコード

```python
# 必要なパッケージをインポート
import numpy as np
import tqdm
import pickle
import torch
from torch import nn, optim, utils
from torchvision import models, transforms, datasets
```

```
import torch.nn.functional as F

# 学習パラメーター
num_epoch = 3  # エポック数
bs = 16  # バッチサイズ

# データセットの定義
class ActionDataset(object):
    def __init__(self, num_recoad):
        self.num_recoad = num_recoad

    def __getitem__(self, idx):
        # 指定された位置にあるデータを取得
        action = idx % 3
        file = (idx//3) // 80
        pos = (idx//3) % 80
        if action == 0:
            fn = 'favorable%d.pickle'%file
        elif action == 1:
            fn = 'neutrality%d.pickle'%file
        else:
            fn = 'antipathy%d.pickle'%file
        with open(fn, mode='rb') as f:
            data = pickle.load(f)
        X = torch.tensor(data[pos:pos+20], dtype=torch.float32)
        y = torch.tensor(action, dtype=torch.int64)
        return X, y

    def __len__(self):
        # データセット全体の長さを返す
        return self.num_recoad * 3 * 80

# RNNモデルを作成する
class NeuralNet(nn.Module):
    def __init__(self):
        super(NeuralNet, self).__init__()
        self.lstm = nn.LSTM(6, 20, bidirectional=True, batch_first=True)
        self.fc = nn.Linear(80, 3)

    def forward(self, x):
        # RNNを実行
        h_lstm, _ = self.lstm(x)
        avg_pool = torch.mean(h_lstm, 1)
        max_pool, _ = torch.max(h_lstm, 1)

        # 全結合して出力
        h_conc = torch.cat((max_pool, avg_pool), 1)
```

```
        h_conc = F.relu(h_conc)
        return self.fc(h_conc)

# モデルのインスタンスを作成する
model = NeuralNet()
# CUDAコアのアクセラレータを使用して学習する
model.cuda()
model.train()

# クラス分類用の学習アルゴリズム
error = nn.CrossEntropyLoss()
# 学習させるパラメーターを指定
optimizer = optim.Adam(model.parameters())

# 保存したアクションの履歴を読み込むDataLoaderを作成する
dataset = ActionDataset(10)
loader = utils.data.DataLoader(dataset, batch_size=bs, shuffle=True)

# 指定エポック分学習させる
for e in range(num_epoch):
    losses = []
    # ミニバッチを読み込む
    for inputs, labels in tqdm.tqdm(loader):
        # CUDAコア上に配置する
        x = inputs.cuda()
        y = labels.cuda()

        # ニューラルネットワークを実行する
        optimizer.zero_grad()
        outputs = model(x)

        # 損失を求める
        loss = error(outputs, y)

        # 逆伝播させる
        loss.backward()
        optimizer.step()

        # 損失の値を保存しておく
        losses.append(loss.item())

    # 現エポックの損失値を表示する
    print("Epoch %d: loss: %f"%(e,np.mean(losses)))

# 学習したモデルを保存する
torch.save(model.state_dict(), "chapt06-action.model")
```

CHAPTER 06

ペットロボットの改良

◆学習用プログラムを実行する

後は、学習データのファイルを作成した場所で、次のようにプログラムを実行します。

```
$ python3 chapt06-2.py
```

少しするとニューラルネットワークの学習が終わり、「chapt06-action.model」という名前の
ファイルが作成されます。

ペットロボットの改良

🅿 プログラムの改良

　学習済のニューラルネットワークのモデルが作成できたら、前章で作成したペットロボットのプログラムを改良して、センサーからの値を解析してリアクションできるようにします。

　ここで作成するプログラムは、前章で作成したものとほぼ同じなので、ここでは前章のプログラムからの変更箇所について解説します。

◆ 必要なパッケージの追加

　まず、前章で作成した「chapt05-1.py」を、「chapt06-3.py」という名前でコピーします。そして、プログラム内のパッケージをインポートしている箇所に、ニューラルネットワークの実行に必要となるパッケージを追加します。

| SOURCE CODE | chapt06-3.pyのコード |

```python
import pickle
import torch
from torch import nn, optim, utils
from torchvision import models, transforms, datasets
import torch.nn.functional as F
```

◆ LEDの点灯パターンの追加

　前章では、LEDの点滅パターンを「led_pattern」という変数内に格納して使っていました。この変数にセンサーからの値に対する反応となるパターンを追加します。

　ここでは、好感するアクションのときには○を点灯させ、不快なアクションの時には×を点灯させますが、点灯のパターンは、点滅せずにずっと光らせることにします。

　それには次のように、「led_pattern」変数を定義している箇所に、インデックス6と7に対応するパターンを追加します。ずっと光らせる場合、パターンの内容は1または2のみが含まれる配列となります。

| SOURCE CODE | chapt06-3.pyのコード |

```python
# LEDを光らせるパターン(0.5秒単位)
led_pattern = {
    0: [0],
    1: [1,0],
    2: [1,1,0,0,0,0],
    3: [1,1,2,2],
    4: [2,2,0,0,0,0],
    5: [2,0],
    6: [1],
    7: [2],
}
```

⏵ センサーの値からアクションを推定する

ニューラルネットワークのモデルには、0.1秒ごとにサンプリングされた値を、20個ずつ学習させていました。

この章で作成した、RNNを使用しているモデルでは、データの長さは異なっていても構わない（プーリング層がデータの長さの違いを吸収するため）ですが、ここでは推定の際にも同じ、約2秒間のデータを使用することにします。

◆ センサーからの値を解析するニューラルネットワーク

実際にセンサーの値を取得して、対応するアクションを推定するには、先ほど作成したニューラルネットワークのモデルを読み込んで、センサーの値を入力できるようにします。

まず、次のように、「MPU6050」クラスと、センサーの状態を表す「action_status」変数を定義します。

SOURCE CODE | chapt06-3.pyのコード

```python
# 3軸ジャイロセンサーを使う
from MPU6050 import MPU6050

sensor = MPU6050(0x68)
# センサーの状態(0:好感、1:中立、2:不快)
action_status = 1
```

また、先ほど学習させたものと同じニューラルネットワークのモデルもプログラム中に用意します。

モデルの定義は先ほどと同じですが、次のように学習済みのモデルを読み込んで、「eval」関数を呼び出して、（学習ではなく）実行用にニューラルネットワークを設定します。

SOURCE CODE | chapt06-3.pyのコード

```python
# モデルのインスタンスを作成する
model = NeuralNet()
model.load_state_dict(torch.load("chapt06-action.model"))
# CUDAコアのアクセラレータを使用する
model.cuda()
model.eval()
```

◆ 解析結果を基にLEDを点灯させる

次に、実際にセンサーの値を取得してニューラルネットワークを実行する関数を作成します。

ここでは次のように、「check_sensor」関数の中に、20サンプル分のデータを取得し、Pytorchのtensor型にしてニューラルネットワークを実行するコードを作成します。そして、ニューラルネットワークの実行結果からクラス分類を行い、アクションの種類を推定します。

アクションの種類は、0が好感、1が中立、2が不快なので、その結果に従って、「led_status」を変更します。

SOURCE CODE ‖ chapt06-3.pyのコード

```python
# センサーの値を取得し、LEDで応答する
def check_sensor():
    global action_status, led_status
    list_data = []
    for _ in range(20): # 0.1秒毎に20回の記録
        accel_data = sensor.get_accel_data()
        gyro_data = sensor.get_gyro_data()
        list_data.append( [accel_data['x'],accel_data['y'],accel_data['z'],
                        gyro_data['x'],gyro_data['y'],gyro_data['z'] ] )
        sleep(0.1)
    # CUDAコアのアクセラレータを使用する
    X = torch.tensor([list_data])
    X = X.cuda()
    # ニューラルネットワークを実行する
    y = model(X).detach().cpu().numpy()
    # クラス分類された現在の状態を取得
    action_status = np.argmax(y[0])
    if action_status == 0: # 好感
        led_status = 6
    elif action_status == 1: # 中立
        if led_status >= 6:
            led_status = 0
    else: # 不快
        led_status = 7
```

アクションからリアクションする

最後に、ペットロボットのプログラムにあるメインループ内で、センサーの値からアクションを推定するコードを呼び出します。

通常、メインループ内では、カメラから画像を使用して顔認識を行うコードが実行されていますが、顔認識とニューラルネットワークの実行を同時に行うのは負荷が大きいので、10秒間に一度、顔認識を行わずにセンサーの値の記録とニューラルネットワークの実行を行うようにします。

つまり、10秒間中に2秒間ほど、顔認識が行われない時間があり、その時間はセンサーの値を記録してアクションを推定する処理に使われることになります。

◆ 無限ループ内に処理を追加する

まずは、メインループが開始する前に、「last_sensor_check」変数に現在の時刻データを保存しておきます。

SOURCE CODE ‖ chapt06-3.pyのコード

```python
last_sensor_check = time()  # 最後にセンサーをチェックした時間
# 無限ループ
```

そして、メインループ内で、顔認識の結果に従ってLEDの点滅パターンを設定している箇所に条件式を追加して、現在のアクションが中立状態である場合のみ、点滅パターンを設定するようにします。これは、アクションの推定結果の方を顔認識の結果よりも優先させたいためです。

そして、現在の時刻が、「last_sensor_check」変数の値よりも10秒以上経過していたら、「check_sensor」関数を呼び出すようにします。

SOURCE CODE | chapt06-3.pyのコード

```python
# LEDの点滅パターンをセットする
if status != led_status and action_status == 1:
    save_known_faces()  # ファイルに保存する
    led_status = status


# 10秒毎にセンサーの値をチェック（2秒間）
if time() - last_sensor_check >= 10:
    last_sensor_check = time()
    check_sensor()
```

「check_sensor」関数は約2秒間実行をブロックするので、その間はメインループ内の顔認識処理は実行されないことになります。

◆ 最終的なソースコード

以上の内容をすべてつなげると、最終的な「chapt06-3.py」のコードは次のようになります。

SOURCE CODE | chapt06-3.pyのコード

```python
from PIL import Image
import threading
import time
import face_recognition
import cv2
import numpy as np
import pickle
from time import sleep, time
import os
import datetime
import pickle
import torch
from torch import nn, optim, utils
from torchvision import models, transforms, datasets
import torch.nn.functional as F

# GPIOポートを設定する
import Jetson.GPIO as GPIO
GPIO.setmode(GPIO.BOARD)
GPIO.setup(7, GPIO.OUT)
GPIO.setup(11, GPIO.OUT)
```

```python
# 初期状態の設定
GPIO.output(7, GPIO.LOW)
GPIO.output(11, GPIO.LOW)

# LEDを光らせるパターン(0.5秒単位)
led_pattern = {
    0: [0],
    1: [1,0],
    2: [1,1,0,0,0,0],
    3: [1,1,2,2],
    4: [2,2,0,0,0,0],
    5: [2,0],
    6: [1],
    7: [2],
}
# LEDの状態
led_status = 0
led_time = 0

# 3軸ジャイロセンサーを使う
from MPU6050 import MPU6050

sensor = MPU6050(0x68)
# センサーの状態(0:好感、1:中立、2:不快)
action_status = 1

# RNNモデルを作成する
class NeuralNet(nn.Module):
    def __init__(self):
        super(NeuralNet, self).__init__()
        self.lstm = nn.LSTM(6, 20, bidirectional=True, batch_first=True)
        self.fc = nn.Linear(80, 3)

    def forward(self, x):
        # RNNを実行
        h_lstm, _ = self.lstm(x)
        avg_pool = torch.mean(h_lstm, 1)
        max_pool, _ = torch.max(h_lstm, 1)

        # 全結合して出力
        h_conc = torch.cat((max_pool, avg_pool), 1)
        h_conc = F.relu(h_conc)
        return self.fc(h_conc)

# モデルのインスタンスを作成する
model = NeuralNet()
model.load_state_dict(torch.load("chapt06-action.model"))
```

```python
# CUDAコアのアクセラレータを使用する
model.cuda()
model.eval()
# センサーの値を取得し、LEDで応答する
def check_sensor():
    global action_status, led_status
    list_data = []
    for _ in range(20): # 0.1秒毎に20回の記録
        accel_data = sensor.get_accel_data()
        gyro_data = sensor.get_gyro_data()
        list_data.append( [accel_data['x'],accel_data['y'],accel_data['z'],
                        gyro_data['x'],gyro_data['y'],gyro_data['z'] ] )
        sleep(0.1)
    # CUDAコアのアクセラレータを使用する
    X = torch.tensor([list_data])
    X = X.cuda()
    # ニューラルネットワークを実行する
    y = model(X).detach().cpu().numpy()
    # クラス分類された現在の状態を取得
    action_status = np.argmax(y[0])
    if action_status == 0: # 好感
        led_status = 6
    elif action_status == 1: # 中立
        if led_status >= 6:
            led_status = 0
    else: # 不快
        led_status = 7


# スレッドの実装
def led_pattern_output():
    # スレッド内で使用する変数
    global led_time
    local_led_status = led_status
    # 0.5秒ごとに実行される
    if led_time >= len(led_pattern[local_led_status]):
        led_time = 0
    # 光らせるLEDを取得
    stat = led_pattern[local_led_status][led_time]
    led_time += 1
    # 一旦GPIOをクリアする
    GPIO.output(7, GPIO.LOW)
    GPIO.output(11, GPIO.LOW)
    if stat == 1: # ○を光らせる
        GPIO.output(7, GPIO.HIGH)
    elif stat == 2: # ×を光らせる
        GPIO.output(11, GPIO.HIGH)
```

```
    # 0.5秒後に再び実行
    threading.Timer(0.5,led_pattern_output).start()

# スレッドを起動する
threading.Thread(target=led_pattern_output).start()


# 記憶した顔と、その人に関する情報
known_faces = []
known_metadata = []


# データをファイルに保存する
def save_known_faces():
    if len(known_faces) == len(known_metadata):
        with open("known_faces.pickle", "wb") as f:
            face_data = (known_faces, known_metadata)
            pickle.dump(face_data, f)


# ファイルからデータを読み込む
def load_known_faces():
    global known_faces, known_metadata
    if os.path.isfile("known_faces.pickle"):
        with open("known_faces.pickle", "rb") as f:
            a, b = pickle.load(f)
            if len(a) == len(b): # 整合性チェック
                known_faces, known_metadata = a, b


# 新しい顔を登録する
def register_new_face(face_encoding):
    known_faces.append(face_encoding)
    known_metadata.append({
        "first_seen": datetime.now(),  # 最初に見た日時
        "interaction": datetime.now(),  # 今回、最初に見た日時
        "last_seen": datetime.now(),  # 最後に見た日時
        "seen_count": 1,  # 見た回数
    })


# 認識した顔を探す
def lookup_known_face(face):
    metadata = None
    if len(known_faces) == 0:  # 何も覚えていない
        return metadata
    # 顔の一致を調べるため、類似度を計算する
    d = face_recognition.face_distance(known_faces, face)
    # face_distancesは、覚えている顔との距離（ベクトル間の角度）
    face_distances = list(d)
    # 距離が最も小さい顔のインデックス
    best_match_index = np.argmin(face_distances)
```

```
    # 距離が0.65より小さければ、覚えている顔とする
    if face_distances[best_match_index] < 0.65:
        # 顔の情報を取得する
        metadata = known_metadata[best_match_index]
        # 最後に見た日時を更新
        metadata["last_seen"] = datetime.now()
        # 60分以上経っていたら新しいセッションとする
        if datetime.now() - metadata["interaction"] > \
                          timedelta(minutes=60):
            metadata["interaction"] = datetime.now()
            metadata["seen_count"] += 1
    return metadata


gst = "nvarguscamerasrc ! " \
    "video/x-raw(memory:NVMM),width=320,height=240," \
    "framerate=30/1,format=NV12 ! " \
    "nvvidconv ! " \
    "video/x-raw,format=BGRx ! " \
    "videoconvert ! " \
    "appsink drop=true sync=false"
# OpenCVのビデオキャプチャでカメラを開く
video_capture = cv2.VideoCapture(gst, cv2.CAP_GSTREAMER)

FLIP_CAMERA = True  # 上下反転させる場合True
# カメラから1フレーム画像を取得する
def get_frame():
    # カメラからキャプチャする
    ret, frame = video_capture.read()
    # 画像を正しい形式に変形する
    if FLIP_CAMERA:  # カメラの向きに対応
        frame = cv2.flip(frame, 0)  # 上下反転
    small_frame = cv2.resize(frame, (320, 240))
    capture_frame = small_frame[:, :, ::-1]
    # PillowのImageで返す
    return Image.fromarray(capture_frame)


# 以前のファイルを読み込む
load_known_faces()


last_sensor_check = time()  # 最後にセンサーをチェックした時間
# 無限ループ
while True:
    pil_image = get_frame()  # 写真を撮影
    image = np.asarray(pil_image)  # numpy形式にする
    # 顔検出
    locations = face_recognition.face_locations(image)
```

```
# 検出した顔すべてに対して顔認識アルゴリズムを実行
encodings = face_recognition.face_encodings(image, locations)
# 記憶した顔と最もよく似た顔の、これまで見た回数
seen_count = 0
# 認識した顔すべてに対してループ
for encoding in encodings:
    # 記憶した顔から検索
    m = lookup_known_face(fencoding)
    if m is None:  # 記憶した顔に合致するものがない
        register_new_face(fencoding)  # 新しく登録
        seen_count = max(seen_count, 1)  # 一回目
    else:  # 記憶した顔に合致するものがあった
        c = metadata["seen_count"]  # これまで見た回数
        seen_count = max(seen_count, c)  # 最大の回数を取る
# 感情表現を選ぶ
status = 0
if seen_count == 0:  # 顔が検出されなかった
    status = 0
elif seen_count == 1:  # 一回目・・・警戒
    status = 5
elif seen_count == 2:  # 二回目・・・とまどい
    status = 4
elif seen_count == 3:  # 三回目・・・中立
    status = 3
elif seen_count == 4:  # 四回目・・・慣れ
    status = 2
else:                  # 五回目以上・・・愛情
    status = 1
# LEDの点滅パターンをセットする
if status != led_status and action_status == 1:
    save_known_faces()  # ファイルに保存する
    led_status = status


# 10秒毎にセンサーの値をチェック（2秒間）
if time() - last_sensor_check >= 10:
    last_sensor_check = time()
    check_sensor()


# 終了コード（実行されない）
video_capture.release()
```

　このプログラムを保存したら、自動起動するように設定して（学習用データの記録プログラム
を自動起動から外すのを忘れずに）、Jetson Nanoを再びペットロボットに取り付けます。

　そして、センサー、LED、カメラモジュールの配線をつなげて、Jetson Nanoを起動すると、
ペットロボットのプログラムが実行されます。

　ペットロボットは、テーブルの上に置かれるなどしているときは、前章と同じように顔認識の結
果に従った反応をしますが、手に取って抱き上げるなどのアクションをすると、そのアクションに
従ったLEDの反応をします。

CHAPTER 07

画像を自動生成する
デジタルフォトフレーム

デジタルフォトフレームの概要

▶ 作成するデジタルフォトフレームの概要

AIを搭載した機器を作成する際に、Jetson Nanoのようなボードコンピュータを使うメリットは、遠隔のサーバー上ではなく、スタンドアロンでAIを動作させる、という点にあります。しかし、Jetson Nano上で高度なAIを実行する場合、どうしても速度の遅さがネックになってしまいがちです。

そこでこの章では、Jetson Nano上で実際にどの程度の高度なAIが実行可能なのか確かめるため、コンテンツの自動生成AIを搭載したデジタルフォトフレームを作成します。

コンテンツの自動生成AIとして代表的な物にGAN（敵対的生成ネットワーク）がありますが、いずれも高度なニューラルネットワークを利用するAIであり、Jetson Nanoの演算能力をフルに活用するものとなります。

この章で作成するデジタルフォトフレームは、写真などのコンテンツを登録しなくても、画像を自動で生成し、表示し続けてくれます。生成する画像は乱数をもとにしているので、1枚1枚が異なっており、同じ画像が繰り返し表示されることはありません。

◆ ハードウェアの構成

これまでの章では、プログラムの作成時のみJetson Nanoにディスプレイを接続し、実際に使用するときにはディスプレイのない状態で動作させていました。しかし、この章で作成するハードウェアは、デジタルフォトフレームなので、ディスプレイを使用します。

ここでは、次のようなアクリルケースを作成し、開口部にディスプレイのLCDパネルを取り付けて、デジタルフォトフレームの筐体とします。

● 特注傾斜ケース

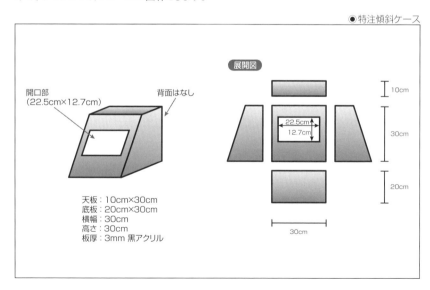

開口部
(22.5cm×12.7cm)

背面はなし

展開図

22.5cm
12.7cm

10cm

30cm

20cm

30cm

天板：10cm×30cm
底板：20cm×30cm
横幅：30cm
高さ：30cm
板厚：3mm 黒アクリル

ディスプレイは、汎用の10.1インチディスプレイを用意し、分解してLCDパネルと制御基板のみを使用しました。

アクリルケースのサイズと開口部の大きさは、使用したディスプレイの大きさに合わせてあります。ここでは、10.1インチのディスプレイを使用したため、上図の大きさになっています。

● 使用したディスプレイ

アクリルケースそのものは、専門店に特注して作成してもらいました。筆者は『とうめい館』(https://item.rakuten.co.jp/toumeikan/)というお店に依頼しました。

◆ ソフトウェアの構成

ここで作成するデジタルフォトフレームでは、自動生成した画像を表示するので、画像を生成するAIが必要になります。

画像を生成するAIについては、DC-GAN以降、さまざまな種類のGANが作成されていますが、ここではその中でも生成画像のクォリティが高い、BIG-GANという種類のAIを使用します。

下図は、BIG-GANの基本的な構成を表しています。

● BIG-GANの基本構成

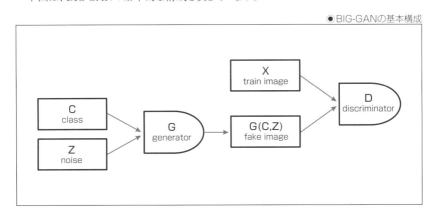

　ランダムなベクトルである「Z」をもとに、生成ネットワークである「G」が画像を生成する点は
DC-GANなどと共通ですが、BIG-GANでは画像のクラスを表す「C」が入力にあります。そ
のため、BIG-GANでは、生成する画像の種類を指定することができます。

　いくつもの種類の画像を生成できるので、デジタルフォトフレームに表示する画像も、ランダ
ムに色々な種類のものを表示するようにします。

　また、GANの特徴として、入力である「Z」をなめらかに変化させてやると、出力もそれに対
応するように、なめらかに変化していきます。これは、ランダムなベクトルを複数用意して、その
ベクトル間で対応する出力画像を作成すると、モーフィング画像のようになめらかに変化してい
く画像が生成できることを意味します。

　そこで、ここでは、モーフィングによってなめらかに変化していく画像を一定時間表示して、
その後で生成する画像の種類を変えて、再びモーフィングしていく画像を表示するようにしま
した。

●乱数をもとにした画像生成

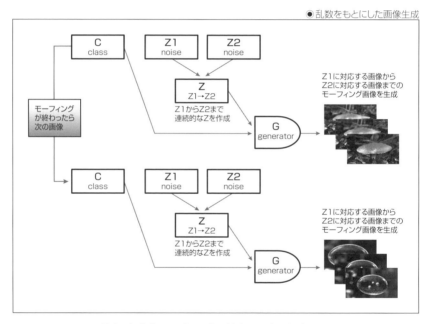

　BIG-GANは、一見すると本物の写真のように見える画像を生成してくれますが、注意して
見てみるとゆっくりと形が変わっていく、AHA体験を体感できるデジタルフォトフレームが出来
上がります。

◆ ソフトウェアの準備

この章で作成するデジタルフォトフレームでは、ディスプレイに画像を表示するので、GUIアプリを作成できる環境が必要になります。

Jetson Nanoでは、OSのGUI環境は標準で用意されているので、後はPythonプログラムからGUIを利用できるように、ライブラリをインストールする必要があります。

それには、「apt」コマンドを使用して、「python3-tk」をインストールします。

```
$ sudo apt install python3-tk
```

また、画像生成に使用するBIG-GANについては、学習済みのモデルが公開されているので、それを使用します。ここでは、Pytorch用の学習済みのモデルを含んだPythonのパッケージである、「pytorch-pretrained-biggan」を使用します。また、このパッケージの機能には、「nltk」パッケージを使用するものがあるので、「nltk」も同時にインストールしておきます。

```
$ sudo pip3 install nltk
$ sodo pip3 install pytorch-pretrained-biggan
```

さらに、「nltk」パッケージと「pytorch-pretrained-biggan」で、必要なファイルをあらかじめダウンロードしておきます。それには、Pythonを対話モードで起動して、次のコードを実行します。

```
import nltk
nltk.download('wordnet')
import pytorch_pretrained_biggan as bg
bg.BigGAN.from_pretrained('biggan-deep-256')
```

以上の内容は、Jetson Nanoをインターネットに接続して実行する必要があります。

◆ モデルファイルの準備

先ほどのコードでダウンロードされるファイルは、ホームディレクトリ内にキャッシュされるため、再度実行してもダウンロードが行われることはありません。しかし、「pytorch-pretrained-biggan」パッケージでは、キャッシュファイルがあってもインターネット接続がないと、ファイルを読み込むことができません。

そこでここでは、キャッシュファイルをコピーして、明示的にファイルからモデルを読み込むようにします。

まず、「pytorch-pretraincd biggan」パッケージのキャッシュファイルは、ホームディレクトリ以下の「.pytorch_pretrained_biggan/」内に保存されます。

07 CHAPTER 画像を自動生成するデジタルフォトフレーム

```
$ cd ~/.pytorch_pretrained_biggan/
$ ls
acdb5158eaee75ddb5f9c8c434d81edc11c9015c0fb713ed6556bfaf9b0c5e0d.eae5feb3afbd03f0c30225
2af916ee67ddfc1040c9a0e3ac763f8a7f85d1df52
acdb5158eaee75ddb5f9c8c434d81edc11c9015c0fb713ed6556bfaf9b0c5e0d.eae5feb3afbd03f0c30225
2af916ee67ddfc1040c9a0e3ac763f8a7f85d1df52.json
e7d036ee69a83e83503c46902552573b27d856eaf6b8b84252a63a715dce7501.aec5caf3e5c5252b8857d6
bb8adefa8d1d6092a8ba6c9aaed1e6678f8a46be43
e7d036ee69a83e83503c46902552573b27d856eaf6b8b84252a63a715dce7501.aec5caf3e5c5252b8857d6
bb8adefa8d1d6092a8ba6c9aaed1e6678f8a46be43.json
```

このディレクトリ内には、上記のように、ランダムな文字列からなる名前のファイルと、同じ文字列に「.json」を付けたJSONファイルが保存されます。

「ファイル名1」「ファイル名1.json」があるとき、「.json」を付けたJSONファイルの方がダウンロードしたURLなどを含む情報ファイルなので、JSONファイルの中身を確認します。

```
$ cat acdb51(..略..).json
{"url": "https://s3.amazonaws.com/models.huggingface.co/biggan/biggan-deep-256-config.
json", "etag": "\"09872088f4e80947ab470b3117feef9f\""}
$ cat e7d036(..略..).json
{"url": "https://s3.amazonaws.com/models.huggingface.co/biggan/biggan-deep-256-pytorch_
model.bin", "etag": "\"480e68997e3de0424ef5bd9ce961ce6a-28\""}
```

必要なのは、「url」の項目に、「biggan-deep-256-config.json」と「biggan-deep-256-pytorch_model.bin」を含んだ2ファイルなので、その2つを含んだURLからダウンロードされたキャッシュファイルを探します。

そして、見つけたキャッシュファイルのうち、「.json」の付いていない方のファイルを、「model.json」と「model」という名前でコピーします。

```
$ cp acdb51(..略..) ~/chapt07/model.json
$ cp e7d036(..略..) ~/chapt07/model
```

これで、インターネット接続なしでモデルファイルを利用する準備ができました。

なお、ここで使用するモデルは、出力画像の解像度が256ピクセルのものです。Jetson Nanoではメモリ容量がギリギリなので、中程度の解像度のモデルを使用します。

デジタルフォトフレームの作成

●ハードウェアの作成

それでは実際に、デジタルフォトフレームを作成していきます。

デジタルフォトフレームのハードウェアは、Jetson Nanoとディスプレイを筐体に組み込むだけなので簡単ですが、この章では電源を共通化するために、簡単な電源回路も作成します。

◆電源回路を作成する

Jetson Nanoの電源電圧は5Vですが、ここで使用したディスプレイは、12Vの電源を必要としています（ディスプレイの種類によって電源は異なっているので、使用しようとしている製品に合わせてください）。

ディスプレイに付属しているACアダプタには、出力電圧が12Vで最大出力電流が0.8Aと記載があるので、この電流値をディスプレイに必要となる電源容量として扱います。

CHAPTER 02と同じように、Jetson Nanoとディスプレイとで、電源を別々に接続するならば簡単ですが、ここでは12Vの電源から、Jetson Nano用の5Vの電源を作成することで、デジタルフォトフレームには1つのACアダプタを接続するだけで使用できるようにします。

それには、12Vの電源から5Vの電源を作成するための、降圧型電圧変換モジュールが必要になります。電圧変換モジュールは汎用的な部品なので、さまざまな製品が利用できます。

ここで必要なのは、Jetson Nanoに電源を供給するために、2.1A以上の出力が可能となるモジュールです。2.1Aの電流出力が必要となるので、三端子レギュレーターを使用したものより、電力の変換効率が良いDCコンバータータイプのものを使用する方がよいでしょう。ここでは、下図のような、電圧調整機能が付いたDCコンバーターモジュール基板を利用しました。

●DCコンバーターモジュール基板

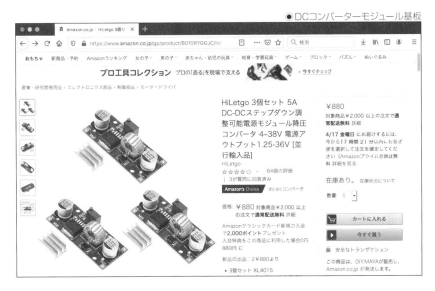

　この基板は、「XL4015」というDC-DCコンバーターチップを使用した製品で、4Vから38V程度の電圧を入力すると、1.25Vから36V程度の電圧を出力してくれます。また、出力電流も5Aまで対応しているので、出力電圧を5Vに調整すると、Jetson Nanoに電源を供給することができます。

　デジタルフォトフレームに使用するACアダプタも、電圧は同じ12Vでも、Jetson Nanoへの電力も供給するために、より容量の大きなものを用意します。ここでは、12V3AのACアダプタを用意しました。

●ACアダプタ

　ACアダプタの出力電流が3Aであれば、ディスプレイ用の電流が0.8Aの場合、ドロッパ型の電圧変換モジュールを使用したとしても、Jetson Nano用の電源に必要な5V 2.1Aの電力を供給することができます。

　まず、電圧変換モジュールの入力端子に、DCジャックケーブルを半田付けして、ACアダプタから電源を入力できるようにします。

　そして、ACアダプタを接続し、出力端子にテスターを当てて電圧が出力されることを確認します。さらにテスターで出力電圧を確認しながら、5Vになるように電圧変換モジュールの可変抵抗を回して調整します。

● 二系統の電源

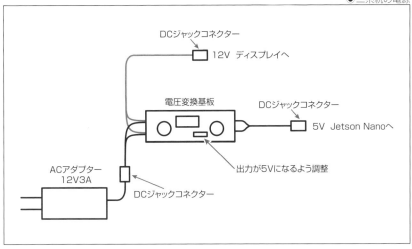

そして、DCコネクターケーブルを半田付けして、12Vの電源と5Vの電源の、二系統の電源を作成します。

● 二系統の電源の作成

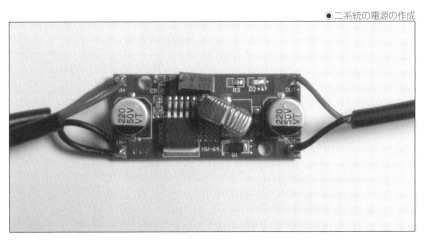

◆ ケースにディスプレイを取り付ける

画像を表示するためのディスプレイですが、ここではHDMI入力に対応した汎用の10.1インチディスプレイを用意し、分解してLCDパネルと制御基板のみを使用しました。

まず、ディプレイの背面にあるタッピングねじを外し、LCDパネルと制御基板のみを取り出して利用します。

●使用するディスプレイ

●取り外したLCDパネルと制御基板

そして、アクリルケースの開口部に後ろ側からLCDパネルを取り付けますが、ここでは、アルミ板を曲げて次のようなステーを作成し、多用途接着剤でアクリルケースに取り付けました。

◉アルミ板で作成したステー

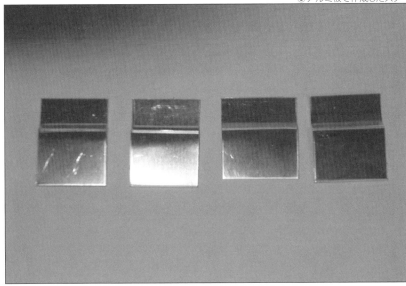

◉アクリルケースへの取り付け

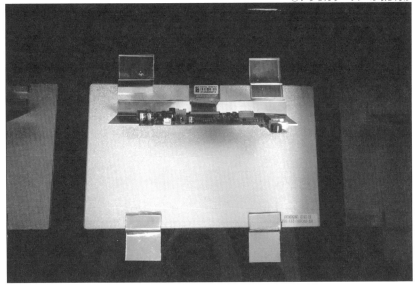

そして、Jetson Nano本体を取り付けるための台も、アルミ板で作成してアクリルケースに取り付けます。

以上の部品を取り付けた、デジタルフォトフレームの筐体は次のようになります。

●デジタルフォトフレームの筐体

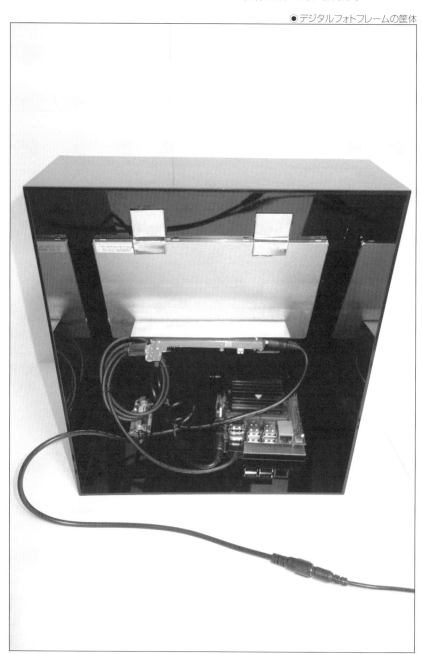

ソフトウェアの作成

デジタルフォトフレームの筐体が完成したら、ディスプレイに自動生成した画像を表示するプログラムを作成していきます。

◆ 学習済みのモデルを読み込む

まずは、プログラムに必要となるパッケージをインポートします。「chapt07-1.py」という名前のファイルを作成し、次のコードを作成します。

SOURCE CODE ‖ chapt07-1.pyのコード

```python
import numpy as np
from PIL import Image, ImageTk
import cv2
from tkinter import Tk, NW, TOP, Frame, Canvas
import torch
import pytorch_pretrained_biggan as bg
```

そして、BIG-GANの学習済みのモデルを読み込みます。インターネット接続が利用できる状態でデジタルフォトフレームを作成する場合、最初にモデルファイルをダウンロードしたときと同じように、「from_pretrained」関数を使用して、学習済みのモデルを読み込むことができます。

● インターネット接続が利用できる場合

```python
# BigGANの学習済モデルを読み込む
model = bg.BigGAN.from_pretrained('biggan-deep-256')
```

しかし、インターネット接続を使わない状態でデジタルフォトフレームを実行するには、229ページで作成した「model.json」と「model」ファイルから、学習済みのモデルを読み込みます。

それには次のように、「BigGANConfig」クラスの「from_json_file」関数に「model.json」を指定して設定を読み込み、「BigGAN」クラスを作成します。そして、作成した「BigGAN」クラスの「load_state_dict」関数で、「model」ファイルから、学習済みのモデルを読み込みます。

SOURCE CODE ‖ chapt07-1.pyのコード

```python
# BigGANの学習済モデルを読み込む
conf = bg.BigGANConfig.from_json_file('model.json')
model = bg.BigGAN(conf)
model.load_state_dict(torch.load('model'), strict=False)
```

「pytorch-pretrained-biggan」では、Pytorchのモデルを利用するので、これまでのPytorchモデルと同様、「cuda」関数を呼び出して、CUDAコアによるアクセラレータ上でモデルを実行するようにします。

SOURCE CODE ‖ chapt07-1.pyのコード

```python
model.cuda()
model.eval()
```

以上でBIG-GANを利用する準備ができました。

07
CHAPTER
画像を自動生成するデジタルフォトフレーム

◆ GUIのフレームを作成する

次に、「python3-tk」の「Frame」クラスから派生クラスを作成して、GUIで表示するウィンドウのフレームを作成します。

ウィンドウのフレームは次のように、「BigGanFrame」という名前のクラスで作成します。また、「BigGanFrame」クラス内には画像を表示するための「ImageTk」と「Canvas」を作成します。ここでは、「i」という文字列のタグが付いたCanvasをフレーム内に配置しています。

BIG-GANが生成する画像は256ピクセル四方ですが、表示の際には次のように、1280×800ピクセル四方のエリアを用意しています。これは、使用するディスプレイと、Jetson Nanoのデスクトップの設定に合わせて指定します。

SOURCE CODE | chapt07-1.pyのコード

```
# Tkで表示するフレーム
class BigGanFrame(Frame):
    def __init__(self, parent, **params):
        Frame.__init__(self, parent, params)
        # 画像の表示場所を作成する
        image = Image.new("RGB",(1280,800),(0,0,0))
        self.imgtk = ImageTk.PhotoImage(image)
        self.canvas = Canvas(self, width=1280, height=800, bg='black')
        self.canvas.place(x=0,y=0)
        self.canvas.create_image(0,0,image=self.imgtk,anchor=NW,tag='i')
```

そして、同じくフレームのクラス内に、BIG-GANで使用するベクトル情報を保存する変数を定義します。ここではまだ、ベクトル自体は作成せずに、変数の名前だけを定義しておきます。

SOURCE CODE | chapt07-1.pyのコード

```
# 生成画像の元となるベクトル
self.class_vector = None
self.vector = (None,None)
self.tick = 0
```

◆ 画像をモーフィングしながら生成する

次に、BIG-GANを使用して画像を生成するコードを作成します。先ほど作成した「BigGanFrame」クラス内に、「get_image」という名前の関数を作成し、次のコードを作成します。このコードは、関数が呼び出されるたびに、2つのベクトルの中間となるベクトルを作成します。また、関数がはじめて呼び出されたときと、100回ごとの呼び出し時には、新しく2つのベクトルを作成して、先ほどの変数に保存します。

ここでは、生成される画像の多様性を表すtruncation値は、やや小さめの「0.4」としています。この値を大きめにすると、同じクラスの画像であっても、より多様な画像が生成されるようになります。

SOURCE CODE | chapt07-1.pyのコード

```python
def get_image(self, image_size):
    # 少しずつベクトルを変えながらモーフィングする
    if self.tick % 100 == 0:
        # 新しいベクトルを作成する
        i = np.random.randint(1000) # 画像の種類
        self.class_vector = bg.one_hot_from_int(i)
        vector_a = bg.truncated_noise_sample(truncation=.4)
        vector_b = bg.truncated_noise_sample(truncation=.4)
        self.vector = (vector_a,vector_b)
        cur_vector = vector_a
        self.tick = 0
    else:
        # 中間のベクトルを計算する
        dif = self.vector[1] - self.vector[0]
        cur_vector = self.vector[0] + self.tick * dif / 100
    self.tick += 1
```

そして、「get_image」関数内の次の箇所に、次のコードを作成し、用意したベクトルを、Pytorchのデータ型に変換します。

SOURCE CODE | chapt07-1.pyのコード

```python
# Pytorchのデータ型にする
noise_vector = torch.tensor(cur_vector).cuda()
class_vector = torch.tensor(self.class_vector).cuda()
```

後は、最初に読み込んでおいた、BIG-GANの学習済モデルに、2つのベクトル情報とtruncation値を入力すれば、画像が生成されます。

SOURCE CODE | chapt07-1.pyのコード

```python
# 画像を生成する
output = model(noise_vector, class_vector, .4)
```

モデルの出力する画像は、「-1」から「1」までの値を取るPytorchのデータ型です。それを、まずNumpyの配列へと変換し、「0」から「255」までの値になるように調整して、色のチャンネルと縦横の軸をOpenCVの形式になるよう変換すれば、OpenCV形式の画像データとなります。

SOURCE CODE | chapt07-1.pyのコード

```python
# 指定のサイズに変形して返す
img = output.detach().cpu().numpy()
img = img*128 + 128
img = img.astype(np.uint8)
img = img[0].transpose((1,2,0))
return cv2.resize(img, image_size)
```

そして、OpenCVの「resize」関数を使用して、引数で指定されたサイズへ画像をリサイズして返すようにすれば、「get_image」関数は完成です。

07 CHAPTER 画像を自動生成するデジタルフォトフレーム

239

◆ 生成した画像を表示する

　生成した画像は、最終的にImageTk型へと変換して、フレーム内に配置されたCanvasで表示します。それには、「updateFrame」という名前の関数を作成し、次のコードを作成します。

```
SOURCE CODE    chapt07-1.pyのコード
def updateFrame(self):
    # 画像を更新する
    image = self.get_image((1280,800))
    image = Image.fromarray(image)
    self.imgtk = ImageTk.PhotoImage(image)
    self.canvas.itemconfigure(tagOrId='i', image=self.imgtk)
    # 0.1秒後に再び更新する
    self.after(100, self.updateFrame)
```

　これで、「updateFrame」関数が呼び出されると、BIG-GANによる画像生成が実行され、生成された画像が表示されるようになります。

　また、関数の最後にある「after」関数の呼び出しにより、0.1秒後に再び「updateFrame」関数が呼び出されるので、続けて次の画像生成へと処理が移ります。

◆ GUIを表示する

　最後に、プログラムが起動されたときに、GUIのウィンドウを作成して、「BigGanFrame」クラスのフレームを表示します。また、ウィンドウの大きさは画面いっぱいに指定し、マウスカーソルもウィンドウ上では表示されないように設定します。

　ウィンドウの「after_idle」関数を使用すると、ウィンドウの起動後、処理がアイドル状態になったときに呼び出される関数を指定できるので、そこに先ほどの「updateFrame」関数を指定すると、GUIの起動後に自動的に画像生成が実行されるようになります。

```
SOURCE CODE    chapt07-1.pyのコード
# 画面いっぱいにウィンドウを作成する
win = Tk()
win.geometry('1280x800') # ウィンドウの大きさ
win.config(cursor='none') # マウスカーソルを消す
frame = BigGanFrame(win, width=1280, height=800) # フレーム
frame.pack(side=TOP) # ウィンドウに配置
win.after_idle(frame.updateFrame) # 起動後にupdateFrameを呼び出す
win.attributes('-fullscreen',True) # フルスクリーンで起動
win.mainloop() # 処理を開始
```

◆ 最終的なソースコード

以上の内容をつなげると、最終的なデジタルフォトフレームのソースコードは、次のようになります。

SOURCE CODE │ chapt07-1.pyのコード

```python
import numpy as np
from PIL import Image, ImageTk
import cv2
from tkinter import Tk, NW, TOP, Frame, Canvas
import torch
import pytorch_pretrained_biggan as bg


# BigGANの学習済モデルを読み込む
#model = bg.BigGAN.from_pretrained('biggan-deep-256')
conf = bg.BigGANConfig.from_json_file('model.json')
model = bg.BigGAN(conf)
model.load_state_dict(torch.load('model'), strict=False)
model.cuda()
model.eval()


# Tkで表示するフレーム
class BigGanFrame(Frame):
    def __init__(self, parent, **params):
        Frame.__init__(self, parent, params)
        # 画像の表示場所を作成する
        image = Image.new("RGB",(1280,800),(0,0,0))
        self.imgtk = ImageTk.PhotoImage(image)
        self.canvas = Canvas(self, width=1280, height=800, bg='black')
        self.canvas.place(x=0,y=0)
        self.canvas.create_image(0,0,image=self.imgtk,anchor=NW,tag='i')
        # 精製画像の元となるベクトル
        self.class_vector = None
        self.vector = (None,None)
        self.tick = 0

    def get_image(self, image_size):
        # 少しずつベクトルを変えながらモーフィングする
        if self.tick % 100 == 0:
            i = np.random.randint(1000)
            self.class_vector = bg.one_hot_from_int(i)
            vector_a = bg.truncated_noise_sample(truncation=.4)
            vector_b = bg.truncated_noise_sample(truncation=.4)
            self.vector = (vector_a,vector_b)
            cur_vector = vector_a
            self.tick = 0
        else:
```

```
        dif = self.vector[1] - self.vector[0]
        cur_vector = self.vector[0] + self.tick * dif / 100

    # Pytorchのデータ型にする
    self.tick += 1
    noise_vector = torch.tensor(cur_vector).cuda()
    class_vector = torch.tensor(self.class_vector).cuda()

    # 画像を生成する
    output = model(noise_vector, class_vector, .4)

    # 指定のサイズに変形して返す
    img = output.detach().cpu().numpy()
    img = img*128 + 128
    img = img.astype(np.uint8)
    img = img[0].transpose((1,2,0))
    return cv2.resize(img, image_size)

def updateFrame(self):
    # 画像を更新する
    image = self.get_image((1280,800))
    image = Image.fromarray(image)
    self.imgtk = ImageTk.PhotoImage(image)
    self.canvas.itemconfigure(tagOrId='i', image=self.imgtk)
    # 0.1秒後に再び更新する
    self.after(100, self.updateFrame)

# 画面いっぱいにウィンドウを作成する
win = Tk()
win.geometry('1280x800') # ウィンドウの大きさ
win.config(cursor='none') # マウスカーソルを消す
frame = BigGanFrame(win, width=1280, height=800) # フレーム
frame.pack(side=TOP) # ウィンドウに配置
win.after_idle(frame.updateFrame) # 起動後にupdateFrameを呼び出す
win.attributes('-fullscreen',True) # フルスクリーンで起動
win.mainloop() # 処理を開始
```

　このプログラムを、CHAPTER 01の48ページに従って、Jetson Nanoが起動したときに自動で実行されるように設定します。

　このプログラムは、Jetson Nano上で動作させるにはメモリがギリギリなので、他の不要なプログラムは起動しないようにしておく必要があります。

　また、デジタルフォトフレームの実行中は、ディスプレイの電源OFFや画面のロックは実行されないように設定します。それには、Jetson Nanoのシステム設定画面から、「Brightness & Lock」を開き、「Turn screen off when inactife for:」に「Never」を、「Lock」に「OFF」を指定します。

● 「Brightness & Lock」の選択

● 「Brightness & Lock」の設定

そして、Jetson Nanoをデジタルフォトフレームの筐体に接続し、電源を投入します。

デジタルフォトフレームのプログラムはフルスクリーンで実行されるので、自動的に起動した後でJetson Nanoを操作するには、キーボードを接続して「Alt+F4」キーでプログラムを終了する必要があります。

電源投入後、最初の画像が表示されるまでは少し時間がかかりますが、しばらくすると次のように、BIG-GANにより自動生成された画像が表示されます。

●自動生成された画像の表示

　自動生成された画像は、しばらくの間は、少しずつモーフィング画像のように変化していきますが、数分すると異なる画像に切り替わり、そしてまた少しずつ変化しながら表示されます。

●変化しながら表示される画像の例1

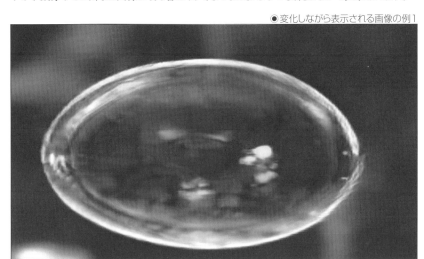

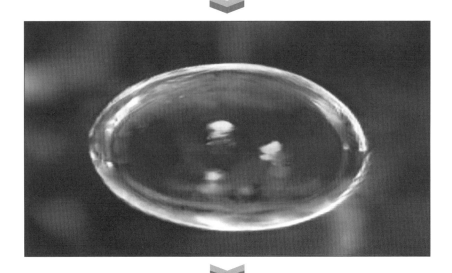

●変化しながら表示される画像の例2

07
CHAPTER

画像を自動生成するデジタルフォトフレーム

◉ その他生成された画像の例1

◉ その他生成された画像の例2

◉その他生成された画像の例3

◉その他生成された画像の例4

画像を自動生成するデジタルフォトフレーム

CHAPTER 08
自分で作曲してくれる スマートスピーカー

スマートスピーカーの概要

⏵ 作成するスマートスピーカーの概要

前章では、Jetson Nano上で画像を自動生成するAIを動作させましたが、AIが生成できるコンテンツは画像だけに限りません。この章では、スタンドアロンで動作するスマートスピーカーを作成し、音楽の自動生成AIを動作させることにします。

また、前章ではユーザーの操作なしに、永遠に生成したコンテンツを表示し続けたのに対して、この章では、音声認識エンジンを使用した音声コマンドによる音楽の再生と停止を行います。

この章で作成するスマートスピーカーも、乱数をもとにしたコンテンツの自動生成を行うので、生成される音楽は毎回、異なったものになります。

◆ ハードウェアの構成

この章で作成するスマートスピーカーは、ユーザーインターフェースとしてスピーカーとマイクロフォンを必要とします。スマートスピーカーへの入力は、音声認識エンジンを使用して、音声コマンドで行います。

開発時を除いてディプレイやキーボードなどのデバイスを接続しないことは、これまでの章で作成してきた機器と同様です。したがって、ハードウェアとして必要となるのは、入力デバイスであるマイクロフォンと、出力デバイスであるスピーカーのみとなります。

CHAPTER 04でカーオーディオを利用した例と異なり、この章ではスピーカー・マイクロフォンと一体のデバイスを作成するので、USBなどの有線インターフェイスを使用してスピーカーおよびマイクロフォンを接続することができます。

使用するデバイスとしては、Web会議など用に作成された、USB接続のスピーカーフォン（スピーカーとマイクロフォンが一体になったデバイス）製品を用意します。ここでは、サンワサプライが発売しているWeb会議小型スピーカーフォンの、MM-MC28という製品を使用しました。Web会議用のスピーカーフォンは、音声コマンドの入力に必要となる人の音声を拾う能力に長けているため、この章で紹介する内容に適しています。

● MM-MC28

◆ソフトウェアの構成

ソフトウェアの側の構成は、音声認識エンジンを使用して音声コマンドの入力を認識する部分と、そのコマンドを実行する部分とで構成されます。

したがって、スマートスピーカーがどの位の機能を持つかは、どれだけコマンドに対応した機能を作ることができるかによるのですが、ここではスタンドアロンで動作することを前提にしているので、最新のニュースを読み上げたりWikipediaから調べものをしたりする機能など、インターネット回線を前提とする機能は実現できません。

その代わりに、コンテンツの自動生成AIを使用して、自動生成した音楽を再生する「演奏機能」を実装することにします。この演奏は、AIがその場で生成した、いわばアドリブでの話と演奏になり、あらかじめ生成しておいたコンテンツを再生しているのではありません。

そのため、このスマートスピーカーでは、実行のたびに異なる音楽が再生されることになります。また、CHAPTER 04で利用したものと同じ合成音声を利用して、挨拶に応答する簡単な対話機能も持たせます。

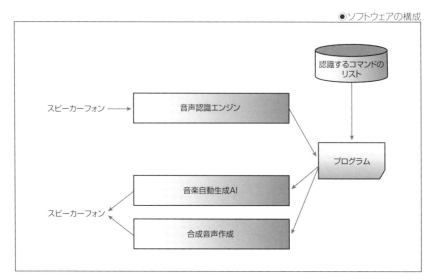

●ソフトウェアの構成

音声コマンドは、認識した文章を、あらかじめ登録しておいたキーワードからなる「スロット」に適用することで実行されます。

「スロット」の設計については後述しますが、ここでは、スマートスピーカーに名前を付けて、その名前が呼ばれてからの音声をコマンドとして認識するようにしています。

これは、スマートスピーカーへのコマンドをその他の会話から分離するために必要となる目印で、通常の会話では登場しにくい単語を名前とする必要があります。

●動作アルゴリズム

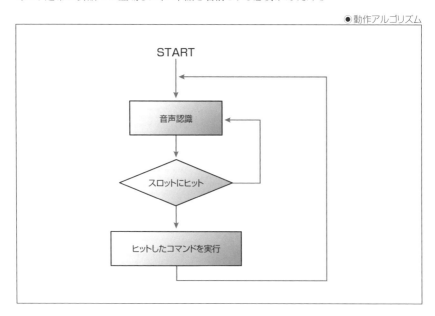

◆ コマンド実行の詳細

　音声認識に関するプログラムの流れとしては、上記のフロー図の通りですが、実際のコマンド実行をより詳しく解説します。

　この章で作成するスマートスピーカーが認識するコマンドは、音楽の再生と停止、そして挨拶の3つです。

　しかし、音楽の再生コマンドが入力されてから音楽の自動生成を行うのでは、タイムラグが大きくなりすぎるので、待ち時間をなくすためにあらかじめバックグラウンドで音楽の自動生成を行っておくようにします。つまり、メインプロセスとは別のプロセスで常に音楽の自動生成を行い、再生コマンドが入力されたときのみ、オーディオとして再生するわけです。

　また、この章では、音楽の生成と再生、それに音声合成と再生を外部のプログラムで行うので、プロセスの流れがやや複雑になります。これは、CHAPTER 04で音声合成と再生を行ったときと同じで、Pythonで外部プログラムを起動する際に、Jetson Nanoではメモリの制限から、別のプロセスを作成しておいてその中で「subprocess.run」を呼び出す必要があるためです。

　そこでここでは、次のように合計4個のプロセスを使用し、メインプロセス以外の3つを、音声合成と再生、音楽の生成、生成した音楽の再生に利用します。

　プロセス間のコマンドの受け渡しは、CHAPTER 04と同じくファイルを作成することで行い、音声合成と再生と生成した音楽の再生では、それぞれエラーメッセージのテキストファイル、生成した音楽のMIDIファイルが存在すれば、それを再生するようにします。

　また、生成する音楽は、短い時間のものを10個、作成して連続再生することとし、音楽の停止コマンドでは、作成したMIDIファイルを削除することで、次のファイルで再生が終了するようにします。

●起動するプロセス

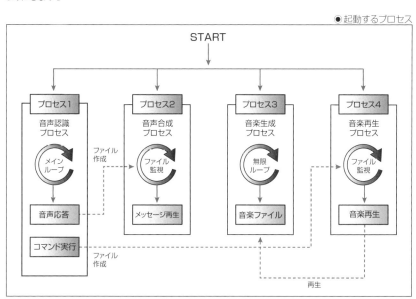

🔊 使用する音声認識エンジン

この章で作成するスマートスピーカーは、スタンドアロンで動作するため、音声認識エンジンについても、クラウドAPIなどは利用できず、スタンドアロンで動作するものが必要になります。

ここでは、フリーで利用できる日本語の音声認識エンジンとして、Juliusというエンジンに、対応するコマンドで必要となる辞書を登録して利用します。

◆ Juliusのインストール

まず、Jetson Nano上にJuliusをインストールします。それには、Jetson Nanoをインターネット回線に接続した状態でコンソールを開き、次のコマンドを実行します。

```
$ sudo apt install julius
```

◆ スピーカーフォンをデフォルトのマイクにする

次に、スピーカーフォンを開発者キットのUSB端子に接続し、正しく認識されていることを確認します。それには、次のように「pactl list short sources」コマンドを実行します。

すると、次のように利用できるオーディオ入力のデバイスが表示されます。ここでは、11番と12番に、接続したスピーカーフォンが認識されています。

```
$ pactl list short sources
0  alsa_output.platform-70030000.hda.hdmi-stereo.monitor  module-alsa-card.c  s16le 2ch
44100Hz  SUSPENDED
1  alsa_output.platform-sound.analog-stereo.monitor  module-alsa-card.c  s16le 2ch
44100Hz  SUSPENDED
2  alsa_input.platform-sound.analog-stereo  module-alsa-card.c  s16le 2ch 44100Hz
SUSPENDED
11  alsa_input.usb-Fonglun_CONEXANT_USB_AUDIO_000000000000-00.analog-stereomodule-alsa-
card.c  s16le 2ch 44100Hz  SUSPENDED
12  alsa_output.usb-Fonglun_CONEXANT_USB_AUDIO_000000000000-00.analog-stereo.monitor
module-alsa-card.c  s16le 2ch 44100Hz  SUSPENDED
```

そして、認識したスピーカーフォンのマイクロフォンを、オーディオ入力のデフォルトとするには、次のように認識した番号を指定して、「pactl set-default-source」コマンドを実行します。

```
$ sudo pactl set-default-source 11
```

同様に、スピーカーフォンをオーディオ出力のデフォルトとして設定して、スマートスピーカーの出力がスピーカーフォンから出力されるようにします。それには、CHAPTER 04と同じように「pactl list short sinks」コマンドで利用できる出力デバイスを列挙します。ここでは8番にスピーカーフォンが認識されています。

```
$ pactl list short sinks
0  alsa_output.platform-70030000.hda.hdmi-stereo  module-alsa-card.c  s16le 2ch 44100Hz
SUSPENDED
1  alsa_output.platform-sound.analog-stereo  module-alsa-card.c  s16le 2ch 44100Hz
SUSPENDED
8  alsa_output.usb-Fonglun_CONEXANT_USB_AUDIO_000000000000-00.analog-stereomodule-alsa-
card.c  s16le 2ch 44100Hz  SUSPENDED
```

その後、認識した番号を指定して、「pactl set-default-sink」コマンドを実行すると、オーディオ出力のデフォルトが、接続したスピーカーフォンになります。

```
$ pactl set-default-sink 8
```

さらに、「/etc/pulse/default.pa」ファイルを編集し、「set-default-sink」と「set-default-source」に対してデバイス番号を設定します。

SOURCE CODE || /etc/pulse/default.paファイル

```
### Make some devices default
set-default-sink 11
set-default-source 8
```

◆ Juliusをテストする

Juliusをインストールしただけの状態では、音声認識に必要となる辞書が存在しないので、そのままでは実行することができません。そこで、Juliusが用意している汎用の辞書を使用して、音声認識をテストしてみます。辞書は、下記URLのJuliusのGitHubから入手することができるので、次のようにGitHubからリポジトリをクローンし、その中のディレクトリに移動します。

URL https://github.com/julius-speech/grammar-kit

```
$ git clone https://github.com/julius-speech/grammar-kit
$ cd grammar-kit/SampleGrammars/fluit
```

リポジトリ内の「SampleGrammars/fluit」ディレクトリには、果物の名前を含んだ辞書が存在しています。

そこで次のように、「-C testmic.jconf」を指定してJuliusを起動します。後ろに続く起動オプションは、コンソール出力に向けて、文字列のフォーマットと文字コードを指定するものです。

```
$ julius -C testmic.jconf -nostrip -charconv SJIS UTF-8
```

そして、スピーカーフォンのマイク入力をONにして、果物の名前(りんご、など)を話しかければ、コンソール上にJuliusが認識した音声認識の結果が表示されます。

ここで利用しているWeb会議用のスピーカーフォンの場合、人間の音声用に最適化したDSP機能やノイズキャンセラなどが搭載されているので、室内ならばそこそこの精度でコマンドを認識してくれることがわかります。

▶ 音楽を生成して再生する

音声認識について動作を確認したら、次はここで作成するスマートスピーカーのメイン機能である、音楽の生成と再生を確認します。

音楽の生成については、フリーで公開されているAIのモデルを使用するため、新しくニューラルネットワークの学習は行いません。

◆ MUSE-GANのインストール

ここで使用するAIは、「MUSE-GAN」という敵対的生成ネットワーク(GAN)で、学習済みのモデルとともに、GitHub上で公開されています。

まず、MUSE-GANを利用するために必要となる、Pythonのパッケージをインストールしますが、GitHub上のrequiments.txtからインストールすると、Jetson Nanoでは利用できないバージョンのTensorflowがインストールされてしまうので、手動で必要なパッケージをインストールします。

モデルの学習ではなく、音楽の生成のみを行う場合、必要となるパッケージは、次のコマンドでインストールできます。なお、PillowについてはCHAPTER 01でもインストールしましたが、最新のバージョン(執筆時点で7.0.0)だと動作しないので、バージョン5.2.0のものをインストールし直します。

```
$ sudo pip3 install Pillow==5.2.0
$ sudo pip3 install imageio==2.3.0
$ sudo pip3 install pypianoroll==0.4.6
```

必要なパッケージをインストールしたら、GitHubからMUSE-GANをクローンします。

```
$ git clone https://github.com/salu133445/musegan.git
```

MUSE-GANで利用するモデルについては、下記のURLで「Lakh Pianoroll Dataset」という、ポップ音楽の楽譜データを学習させたものが公開されているので、それを利用します。

URL https://salu133445.github.io/lakh-pianoroll-dataset/

学習済みのモデルについては、次のように「scripts/download_data.sh」を実行すると入手することができます。

```
$ cd musegan
$ ./scripts/download_data.sh
```

上記のコマンドを実行すると、「exp/default」に学習済みのモデルが保存されます。

以上でMUSE-GANを利用する用意ができました。試しにJetson Nano上でMUSE-GANを動作させて、音楽を生成するには、次のように「src/inference.py」を実行します。

```
$ python3 src/inference.py \
    --checkpoint_dir exp/default/model/ \
    --params exp/default/params.yaml \
    --config exp/default/config.yaml \
    --result_dir ../ \
    --gpu 0 --rows 1 --columns 1 --runs 10
```

生成された音楽データは、「--result_dir」で指定されたディレクトリに保存されます。指定されたディレクトリには「arrays」「images」「pianorolls」というサブディレクトリが作成され、その中に音楽データが保存されます。例として、「arrays」には、MUSE-GANが使用する楽譜データが直接、保存されます。

上記のコマンドを実行すると、10回音楽の生成が繰り返されるので、10個のファイルが作成されるはずです。

```
$ cd ..
$ ls arrays/fake_x
fake_x_0.npy    fake_x_1.npy    fake_x_2.npy
fake_x_3.npy    fake_x_4.npy    fake_x_5.npy
fake_x_6.npy    fake_x_7.npy    fake_x_8.npy
fake_x_9.npy
```

◆ 生成した音楽をMIDIファイルにする

さて、MUSE-GANが生成する音楽データは、そのままではオーディオとして出力できる形式にはなっていないので、データ形式を変更してMIDIファイルとして再生できるようにします。

音楽の生成が正常に行われていれば、「pianorolls/fake_x_hard_thresholding」というディレクトリは、「pypianoroll」パッケージで読み込み可能な形式の楽譜データが保存されています。

```
$ ls pianorolls/fake_x_hard_thresholding
fake_x_hard_thresholding_0.npz
fake_x_hard_thresholding_1.npz
fake_x_hard_thresholding_2.npz
fake_x_hard_thresholding_3.npz
fake_x_hard_thresholding_4.npz
fake_x_hard_thresholding_5.npz
fake_x_hard_thresholding_6.npz
fake_x_hard_thresholding_7.npz
fake_x_hard_thresholding_8.npz
fake_x_hard_thresholding_9.npz
```

このファイルを、「pypianoroll」パッケージから読み込んで、MIDIファイルとして保存します。そのためのプログラムは、次のようになります。まず「chapt08-1.py」という名前のファイルを作成して、次の内容を保存します。

SOURCE CODE | chapt08-1.pyのコード

```python
import os
import pypianoroll

indir = 'pianorolls/fake_x_hard_thresholding/'
outdir = 'midi_files/'

if not os.path.isdir(outdir):
    os.mkdir(outdir)

for fn in os.listdir(indir):
    m = pypianoroll.load(indir+fn)
    pm = m.to_pretty_midi(constant_tempo=100)
    pm.write(outdir+fn.replace('.npz','.mid'))
```

そして次のように、作成した「chapt08-1.py」を実行すると、「midi_files」ディレクトリ内に、対応する名前のMIDIファイルが作成されます。

```
$ python3 chapt08-1.py
```

このMIDIファイルは、通常のGM（General MIDI）ファイルなので、一般的なMIDI再生環境で再生することができます。

```
$ ls midi_files
fake_x_hard_thresholding_0.mid
fake_x_hard_thresholding_1.mid
fake_x_hard_thresholding_2.mid
fake_x_hard_thresholding_3.mid
fake_x_hard_thresholding_4.mid
fake_x_hard_thresholding_5.mid
fake_x_hard_thresholding_6.mid
fake_x_hard_thresholding_7.mid
fake_x_hard_thresholding_8.mid
fake_x_hard_thresholding_9.mid
```

◆ timidityのインストール

Jetson Nano上でMIDIファイルを再生するには、「timidity」というコマンドを利用します。まず、次のコマンドで「timidity」をインストールします。

```
$ sudo apt install timidity
```

「timidity」では、標準のバーチャルMIDI音源もインストールされるので、そのままMIDIファイルを再生することができます。MIDIファイルを再生するには、次のように「timidity」コマンドを実行します。

```
$ timidity midi_files/fake_x_hard_thresholding_0.mid
```

すると、Jetson Nanoに接続しているオーディオデバイスから、MIDIの音楽が再生されます。

ここで使用したMUSE-GANのモデルは、ドラム、ピアノ、ギター、バス、ストリングの5トラックからなるデータを学習させたものなので、再生されるMIDIも同じく5つのトラックからなっています。

音声応答システムの作成

⊙ スロットを設計する

スマートスピーカーを構成する要素機能について準備ができたので、次は、音声認識エンジンを使用した音声応答システムの設計を行います。

音声応答システムは、音声認識エンジンが認識した音声から、実際に話しかけられている言葉の意味を判断するための機能で、チャットなどの対話的な動作の基礎ともなる機能です。

◆ スロットの概要

音声応答システムには、実際の自然言語系に含まれている、さまざまな表現の揺らぎを吸収できる柔軟性が求められます。

音声応答システムの基本的な動作は、認識した音声と、スマートスピーカーが実行可能なコマンドを対応させることです。

また、「3回」再生する、などのように、量や連続値をコマンドの実行パラメーターとして利用したい場合もあります。ここでは、挨拶コマンドについて、入力された挨拶の種類を認識して応答に利用するようにします。

そのような用途で用いられるのが、「スロット」という概念で、チャットなど自然言語系を利用して対話的な動作を行うプログラムで利用されます。

「スロット」には、音声応答システムが利用する各種の概念の列があり、認識した音声にそれらの概念を含んだ単語が含まれていた場合、対応する列にその情報が挿入されます。

そして、コマンドは、スロット上の行として作成され、それぞれの行で必要となる列が埋まったときに、対応するコマンドが実行されます。

● スロットの概念

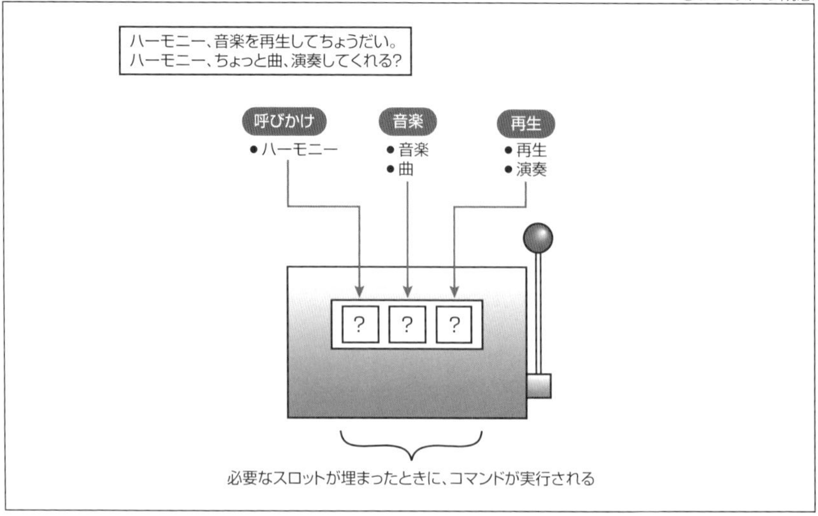

必要なスロットが埋まったときに、コマンドが実行される

◆ 必要となるスロット

この章で作成するスマートスピーカーは、単純な機能しか持たないので、必要となるスロットも最小限のものになります。

まず、スマートスピーカーへの呼びかける単語が、認識した文章をスマートスピーカーのコマンドと判断するために必要となります。

次に、音楽の再生には、「音楽を再生して」のように、音楽に関する言葉と、演奏に関する言葉が含まれているコマンドと、「作曲して」のように、音楽生成に関する言葉が含まれているコマンドを用意します。

また、音楽の停止と挨拶にも、それぞれ対応する言葉が含まれているコマンドを用意します。

ここでは「再生」「停止」「挨拶」の3つのコマンドについて、次のようなスロットを作成しました。

● スロット

単語								コマンド
呼びかけ	音楽	再生	ミュージック	スタート	作曲	停止	挨拶	
○	○	○						再生
○			○	○				再生
○					○			再生
○						○		停止
○							○	挨拶

スロットの表の見方は、単語の列に対応する単語群の名前があり、対応する単語が認識されれば、その列が認識した単語で埋められます。

1つの列には、実際は1つ以上の単語が対応する場合があります。たとえば、「音楽」「曲」などの単語を認識したら、スロットの「音楽」列が認識した単語で埋められる、という具合です。

そして、表に「○」が付けられている列がすべて埋められた行が、スロットが実行するコマンドとなります。

● 認識する文章を設計する

この章で作成するスマートスピーカーでは、音声認識エンジンとしてJuliusを使用しますが、あらゆる日本語を認識するための汎用辞書を使うと、Juliusの認識精度が大きく低下してしまいます。そこで、作成したスロットのために必要となる、最低限の文法からなる辞書を作成することで、Juliusの認識精度を向上させます。

まずは、Juliusが認識することができる、スマートスピーカーへのコマンドを含んだ文章について設計します。

◆ スマートスピーカーに名前を付ける

最初に、スマートスピーカーへの呼びかけに用いる単語を決める必要があります。つまりスマートスピーカーに名前を付けるわあけですが、この名前は、スロットに含まれうる単語と、できるだけ区別しやすい発音の名前を付ける方がよいでしょう。

ここでは、呼びかけやすさも考慮して、「ハーモニー」という名前を付けました。この名前については、親しみやすい独自のものを付けてみてください。

◆ 文章の定型を考える

　次に、スマートスピーカーが認識するコマンドの文章を考えます。この文章は、Juliusが認識するコマンドの定型となります。Juliusでは、単語ごとに文章を認識するのではなく、辞書として与えられた文法を認識するため、単語の組み合わせについても考慮する必要があります。

　まずは、先ほど用意したスロットの各列に対応する単語の一覧を作成します。

●認識可能単語の一覧

種類	単語
呼びかけ	ハーモニー
接頭詞	お願い これから
音楽	音楽 音楽を 曲 曲を
再生	再生 再生して 演奏 演奏して かけて 流して
ミュージック	ミュージック
スタート	スタート プレイ
作曲	作曲 作曲して
接尾詞	ちょうだい くれる
停止	止めて 停止 ストップ
挨拶	こんにちは こんばんは おはよう

　そして、この単語の一覧からなる、コマンドの文章について、定型を作成します。ここでは次のような文章の定型を作成しました。次の文章は、上記の表にある単語の組み合わせで認識できる文法で、[]で囲まれた単語はなくてもよい単語となります。

- 呼びかけ [接頭詞] 音楽 再生 [接尾詞]
- 呼びかけ ミュージック スタート
- 呼びかけ スタート ミュージック
- 呼びかけ [接頭詞] [音楽] 作曲 [接尾詞]
- 呼びかけ [音楽] 停止 [接尾詞]
- 呼びかけ 挨拶
- 挨拶 呼びかけ

音声認識の辞書を用意する

コマンド文章の単語と文法が設計できたら、それをもとにJuliusで使用できる辞書データを作成していきます。

単語辞書を作成する

まず、単語の一覧から、Juliusで使用する単語の辞書を作成します。この辞書には、単語の種類ごとに、単語とその発音をローマ字で記載する必要があります。

発音は、ヘボン式ローマ字で、子音と母音は分けて記載します（ただし、「ん」は大文字の「N」、促音の「っ」は「q」、長音は「:」で記載）。詳しい解説は、下記URLのJuliusのドキュメントを参照してください。

URL http://julius.osdn.jp/juliusbook/ja/desc_lm.html

また、下記URLのJuliusのGitHubには、ひらがなの読みをローマ字表記に変換するプログラム（yomi2voca.pl）も含まれています。

URL https://github.com/julius-speech/julius

単語の辞書には、単語の種類でグループ分けされた、単語とその読みを登録します。単語の種類は、後の文法の辞書で使用するためのタグで、同じ種類に含まれる異なる単語を、同じ文法規則の中で使用できるようにするためのものです。

そして、単語の種類は、ファイル中に「%」から始まる名前で行を区切って記載します。たとえば、呼びかけに用いる名前は、次のように、「YOBIKAKE」という種類に、「ハーモニー」という単語を、「ha: m o n i:」という読みで登録します。

```
% YOBIKAKE
ハーモニー        ha: m o n i:
```

「音楽」と「音楽を」、「曲」と「曲を」、「作曲」と「作曲して」のような、単語の一部が重複するものは、Juliusの辞書上は別の単語として記載します。

```
% ONGAKU
音楽     o N g a k u
曲       ky o k u
% SAKKYOKU
作曲     s a q ky o k u

% WO
を       o
% SHITE
して     sh i t e
```

また、読み方に揺らぎがある単語は、次のように複数の単語として記載します。

```
% SETSUBISHI
ちょうだい          tyoudai
ちょうだい          tyo:dai
% TEISHI
止めて    tomete
止めて    yamete
```

Juliusには、文章の開始と終了を示す特殊な単語として、「silB」と「silE」が存在しています。それらについても、次のように、文章の開始タグと終了タグとして記載しておきます。

```
% NS_B
<s>          silB
% NS_E
</s>         silE
```

以上のルールに従って、264ページの表にある単語をすべて記載すると、その内容は次のようになります。このファイルは、UTF-8文字コードで、「chapt08.voca」という名前で保存しておきます。

SOURCE CODE | **chapt08.voca**

```
% YOBIKAKE
ハーモニー          ha:moni:
% SETTOUSHI
お願い   onegai
これから korekara
% ONGAKU
音楽    oNgaku
曲     kyoku
% SAISEI
再生    saisei
演奏    eNsou
% KAKETE
かけて   kakete
流して   nagashite
% MUSIC
ミュージック          muziqku
% START
スタート suta:to
プレイ  purei
% SAKKYOKU
作曲    saqkyoku
% SETSUBISHI
ちょうだい          choudai
ちょうだい          cho:dai
くれる   kureru
% TEISHI
```

```
止めて    t o m e t e
止めて    y a m e t e
停止      t e i s h i
ストップ  s u t o q p u
% AISATSU
こんにちは            k o N n i c h i w a
こんばんは            k o N b a N w a
おはよう o h a y o u
% WO
を          o
% SHITE
して      s h i t e
% NS_B
<s>                 silB
% NS_E
</s>                silE
```

◆ 文法辞書を作成する

　次に、先ほど作成した単語の種類を組み合わせた、文法の辞書を作成します。認識する文法の一覧は264ページのリストで作成していますが、「音楽」と「音楽を」のように、単語を分割して登録したものについては、そのどちらも認識できるようなルールを作成する必要があります。

　たとえば、先ほどの「chapt08.voca」には、「音楽」という単語は「ONGAKU」という種類で、「を」という単語は「WO」という種類で記載していました。

　ここで、「音楽」と「音楽を」の両方を認識したい場合、次のように新しく「ONGAKUW」という種類の文法を作成し、「ONGAKU」と「ONGAKU WO」の2つの認識パターンを記載します。

```
ONGAKUW: ONGAKU
ONGAKUW: ONGAKU WO
```

　また、「再生」「再生して」「かけて」を認識するパターンは、次のように「SAISEISHITE」として作成します。

```
SAISEISHI: SAISEI
SAISEISHI: SAISEI SHITE
SAISEISHITE: SAISEISHI
SAISEISHITE: KAKETE
```

　同じく、「作曲」「作曲して」「作曲をして」を認識する「SAKKYOKUSHI」というパターンも作成します。

```
SAKKYOKUSHI: SAKKYOKU
SAKKYOKUSHI: SAKKYOKU SHITE
SAKKYOKUSHI: SAKKYOKU WO SHITE
```

　認識するコマンド文章全体は、「S」という名前のパターンで作成し、文章の開始と終了の間に、264ページのリストに対応するすべてのパターンを記載します。

```
S: NS_B YOBIKAKE ONGAKUW SAISEISHITE NS_E
S: NS_B YOBIKAKE SETTOUSHI ONGAKUW SAISEISHITE NS_E
S: NS_B YOBIKAKE ONGAKUW SAISEISHITE SETSUBISHI NS_E
S: NS_B YOBIKAKE SETTOUSHI ONGAKUW SAISEISHITE SETSUBISHI NS_E
```

　以上のルールをもとに、264ページのリストにある文章のパターンをすべて記載すると、その内容は次のようになります。このファイルは、「chapt08.grammar」という名前で保存しておきます。

SOURCE CODE ‖ chapt08.grammar

```
S: NS_B YOBIKAKE ONGAKUW SAISEISHITE NS_E
S: NS_B YOBIKAKE SETTOUSHI ONGAKUW SAISEISHITE NS_E
S: NS_B YOBIKAKE ONGAKUW SAISEISHITE SETSUBISHI NS_E
S: NS_B YOBIKAKE SETTOUSHI ONGAKUW SAISEISHITE SETSUBISHI NS_E
S: NS_B YOBIKAKE MUSIC START NS_E
S: NS_B YOBIKAKE START MUSIC NS_E
S: NS_B YOBIKAKE SAKKYOKUSHI NS_E
S: NS_B YOBIKAKE SETTOUSHI SAKKYOKU NS_E
S: NS_B YOBIKAKE SAKKYOKUSHI SETSUBISHI NS_E
S: NS_B YOBIKAKE SETTOUSHI SAKKYOKUSHI SETSUBISHI NS_E
S: NS_B YOBIKAKE SETTOUSHI ONGAKUW SAKKYOKUSHI NS_E
S: NS_B YOBIKAKE SAKKYOKUSHI ONGAKUW SETSUBISHI NS_E
S: NS_B YOBIKAKE SETTOUSHI ONGAKUW SAKKYOKUSHI SETSUBISHI NS_E
S: NS_B YOBIKAKE TEISHI NS_E
S: NS_B YOBIKAKE ONGAKUW TEISHI NS_E
S: NS_B YOBIKAKE TEISHI SETSUBISHI NS_E
S: NS_B YOBIKAKE ONGAKUW TEISHI SETSUBISHI NS_E
S: NS_B YOBIKAKE AISATSU NS_E
S: NS_B AISATSU YOBIKAKE NS_E
ONGAKUW: ONGAKU
ONGAKUW: ONGAKU WO
SAISEISHI: SAISEI
SAISEISHI: SAISEI SHITE
SAISEISHITE: SAISEISHI
SAISEISHITE: KAKETE
SAKKYOKUSHI: SAKKYOKU
SAKKYOKUSHI: SAKKYOKU SHITE
SAKKYOKUSHI: SAKKYOKU WO SHITE
```

　最後に、Juliusに含まれている「mkdfa」コマンドを実行し、作成した辞書をJuliusが読み込むことのできる形式へと変換します。

```
$ mkdfa chapt08
```

　上記のコマンドを実行すると、「chapt08.dfa」「chapt08.term」「chapt08.dict」という3つのファイルが作成されます。

▶新しい辞書でJuliusをテストする

辞書ファイルが作成されたら、Juliusを実行してコマンド文章を認識できるかをチェックしておきましょう。

◆ サンプルの辞書をUTF-8で再作成する

Juliusは、与えられた辞書にある文法のうち、もっともそれらしい認識結果を返します。言い換えると、Juliusでは、与えられた辞書に含まれている文法しか認識しない、ということでもあります。

つまり、先ほどの辞書は、スロットに対応するコマンド文章をもとに作成しましたが、その辞書のみを使用すると、Juliusは、常にいずれかのコマンド文章を認識結果として返す、ということです。

そのため、コマンドとは関係のない話し声や、環境ノイズをJuliusが拾った場合でも、先ほどの辞書のみを使用している場合、コマンド文章として誤認識されてしまうことになります。

これを避けるには、先ほどの辞書とは別の辞書も同時に使用することで、コマンド文章とは異なる入力を、別の辞書の文法にマッピングさせる必要があります。

Juliusには、汎用的な日本語に対応する大規模な辞書も存在するのですが、あまり大規模な辞書を使用すると、コマンド文章にも近い文法が含まれているため、逆にコマンド文章の認識率が低くなってしまうようです。

そこでここでは、先ほどのサンプルで使用した、果物の名前を含んだ辞書を同時に使用することにします。

サンプルの辞書は、Shift-JIS文字コードで作成されているので、「nkf」コマンドを使用してUTF-8文字コードに変換します。

```
$ sudo apt install nkf
$ nkf -S -w grammar-kit/SampleGrammars/fruit/fruit.voca >fruit.voca
$ cp grammar-kit/SampleGrammars/fruit/fruit.grammar ./
```

そして、Juliusに含まれている「mkdfa」コマンドを実行し、「fruit」という辞書を作成します。

```
$ mkdfa fruit
```

Juliusのチェックでは、次のように、「chapt08」と「fruit」の2つの辞書を指定してコマンドを実行します。

```
$ julius -C grammar-kit/hmm_ptm.jconv -input mic -gram chapt08,fruit -demo -nostrip
```

使用する辞書のうち、「chapt08」の方は、かなり特徴的な文法（必ず呼びかけから始まる）からなっているので、コマンド文章を話しかけた場合は、ほぼ正確に認識してくれます。

一方で、コマンド文章とは関係のない文章を話しかけた場合、「fruit」辞書に含まれる文法のいずれかとして認識される場合が多くなります。

　たとえば、次の例では、最初の3つの認識結果は、話しかけたコマンド文章と同じ文章が認識されていますが、最後の認識結果は、実際には「ハロー」と話しかけた結果を、「fruit」辞書に含まれる文法として認識した誤認識です。

```
pass1_best: <s> ハーモニー 曲 を かけて ちょうだい </s>
sentence1: <s> ハーモニー 曲 を かけて ちょうだい </s>

pass1_best: <s> ハーモニー 停止 </s>
sentence1: <s> ハーモニー 停止 </s>

pass1_best: <s> おはよう ハーモニー </s>
sentence1: <s> おはよう ハーモニー </s>

pass1_best: <s> ぶどう です </s>
sentence1: <s> ぶどう です </s>
```

　この章で作成するスマートスピーカーは、認識可能なコマンド文章以外は無視するので、誤認識についてはどのように誤認識しても構わないわけで、このような動作でも実用上の問題はありません。

スマートスピーカーを作成する

● プログラムを作成する

　ハードウェアの面を見ると、この章で作成するスマートスピーカーは、USB接続のスピーカーフォンをJetson Nanoに接続するだけなので、特に解説すべき点はありません。スマートスピーカーの本体は、Jetson Nano上で動作するプログラムとなります。

　ここでは実際に、スロットによる音声応答システムと、音楽の再生機能を持ったスマートスピーカーのプログラムを作成していきます。

◆ 必要なパッケージのインポート

　まず最初に、プログラムに必要となるパッケージをインポートします。このプログラムでは、機能の多くを外部プログラムの実行を通じて実装するので、プログラム中で必要となるパッケージは多くありません。

　「chapt08-2.py」という名前のファイルを作成して、次のコードを保存します。

SOURCE CODE | **chapt08-2.pyのコード**

```
import os
import re
import random
from multiprocessing import Process
import subprocess
import pypianoroll
```

　また、生成する音楽ファイルの保存場所も、次のように定義しておきます。

SOURCE CODE | **chapt08-2.pyのコード**

```
indir = 'pianorolls/fake_x_hard_thresholding/'
outdir = 'midi_files/'
```

● 必要となるプロセスの実行

　255ページの図で解説したように、ここで作成するスマートスピーカーのプログラムでは、外部プログラムの実行のために専用のプロセスを使用します。それらのプロセスは、プログラムのはじめの方で実装し、「Process」クラスを使って実行しておきます。

◆ 音声合成のプロセスを開始する

　まず、音声合成のプログラムを実行するプロセスを作成します。このコードは、CHAPTER 04で作成したものと同じです。なお、音声合成のためにopen-jtalkのインストールが必要になりますが、その環境構築についても、CHAPTER 04の解説を参照してください。

| SOURCE CODE | chapt08-2.pyのコード |

```python
### 合成音声プロセス ###
# 読み上げるテキストを書き込む
def talk_japanease_text(jtext):
    with open("/tmp/speech.txt","w") as wf:
        wf.write(" ".join(jtext.split("\n")))


# 別プロセスでテキストを監視して、書き込まれたら再生する
def watch_text_process():
    while True:
        if os.path.isfile("/tmp/speech.txt"):
            subprocess.run('cat /tmp/speech.txt | open_jtalk -x '\
            '/var/lib/mecab/dic/open-jtalk/naist-jdic  -m '\
            '/usr/share/hts-voice/nitech-jp-atr503-'\
            'm001/nitech_jp_atr503_m001.htsvoice '\
            '-ow /tmp/speech.wav; aplay /tmp/speech.wav', shell=True)
            os.remove("/tmp/speech.txt")
# 別プロセスを起動
Process(target=watch_text_process).start()
```

◆ 音楽生成のプロセスを開始する

次に、音楽の生成を行うMUSE-GANを実行するプロセスを作成します。

MUSE-GANはPythonで書かれているので、直接、読み込んで実行してもよいのですが、ここでは次のように、269ページの動作テストで使用したのと同じコマンドを、「subprocess.run」で実行するようにしました。

音楽の生成は無限ループの中で行われるので、スマートスピーカーがオーディオ出力として再生していなくても、無限に新しい音楽が生成され続けることになります。

| SOURCE CODE | chapt08-2.pyのコード |

```python
### 音楽生成プロセス ###
# 別プロセスで音楽生成用のプログラムを実行する
def create_music_process():
    while True:
        subprocess.run('python3 musegan/src/inference.py '\
        '--checkpoint_dir musegan/exp/default/model/ '\
        '--params musegan/exp/default/params.yaml '\
        '--config musegan/exp/default/config.yaml '\
        '--result_dir ./ --gpu 0 --rows 1 --columns 1 --runs 10',
        shell=True)
# 別プロセスを起動
Process(target=create_music_process).start()
```

◆ 音楽再生のプロセスを開始する

そして、生成された音楽データをもとに、スマートスピーカーのオーディオ出力として音楽を再生するプロセスを作成します。

これは、先ほどのMUSE-GANが生成した音楽データを、指定されたディレクトリにMIDIファイルとして保存すれば、その内容を再生する、というものになります。一度の音楽生成で、音楽データは10曲作成されるので、そのファイルをすべてMIDI化し、ループ再生します。

ただし、途中でファイルが削除された場合は、停止コマンドが実行されたとして再生を中止します。また、新しい音楽生成の結果があるかもしれないため、再生中はMUSE-GANの生成した音楽データからMIDIファイルを更新し続けるようにします。

SOURCE CODE || chapt08-2.pyのコード

```python
### 音楽再生プロセス ###
# 作曲された音楽データをMIDIファイルにする関数
def update_misic():
    for fn in os.listdir(indir):
        m = pypianoroll.load(indir+fn)
        pm = m.to_pretty_midi(constant_tempo=100)
        pm.write(outdir+fn.replace('.npz','.mid'))
# 別プロセスでMIDIファイルを監視して、存在していれば再生する
def watch_music_process():
    # 停止されない限り再生し続ける
    while True:
        # 再生するファイルがあるか
        l = os.listdir(outdir)
        if len(l) > 0:
            # すべてを再生する
            for fn in l:
                if os.path.isfile(outdir+fn):
                    subprocess.run('timidity '+outdir+fn,
                    shell=True)
                else:
                    break
        # 一周再生した後、新しく作曲されているかもしれない
        l = os.listdir(outdir)
        if len(l) > 0: # まだ再生中ならば
            # 新しく作曲されたかもしれない音楽で更新
            update_misic()
# 別プロセスを起動
Process(target=watch_music_process).start()
```

スロットの実装

プログラムのメインループには、スロットの機能を実装し、Juliusから受け取った音声認識の結果を解析します。

スロットの機能には、「再生」「停止」「挨拶」の3つがあるので、それらの機能を実装し、次に音声認識の結果からスロットを検索するコードを作成します。

コマンドを実行する関数

まず、「再生」コマンドを実行するコードです。これは、「play_music」という名前の関数として作成します。この関数は、スロットの機能を実装する関数に共通の引数として、現在のスロットの状態を受け取るものとします。

ここでは、MUSE-GANが生成した音楽データがなければエラーメッセージを再生し、そうでなければ音楽データからMIDIファイルを作成するようにします。

SOURCE CODE | chapt08-2.pyのコード

```
### メインループプロセス ###
# 音楽の再生コマンド
def play_music(slot):
    # 生成された音楽データが無い場合
    if (not os.path.isdir(indir)) or len(os.listdir(indir)) == 0:
        # エラーメッセージを再生して終了
        talk_japanease_text('じゅんびができていません おまちください')
        return
    # 対象ディレクトリにファイルを書き込むことで再生する
    if not os.path.isdir(outdir):
        os.mkdir(outdir)
    # 作曲された音楽データをMIDIファイルに書き込む
    update_misic()
```

次に、音楽の停止コマンドを、「stop_music」という名前の関数で作成します。ここでは、返答となる音声を再生した後、MIDIファイルを保存するディレクトリ内のすべてのファイルを削除します。

音楽の再生も停止も、メインループ内ではファイルを操作するだけで、実際の再生と停止は先ほど作成した別プロセス内で行われます。

SOURCE CODE | chapt08-2.pyのコード

```
# 音楽の停止コマンド
def stop_music(slot):
    # 合成音声で返答を再生
    talk_japanease_text('はい おんがくをとめます')
    # 対象ディレクトリのファイルを削除することで停止する
    if os.path.isdir(outdir):
        for fn in os.listdir(outdir):
            os.remove(outdir+fn)
```

次に、挨拶コマンドを「play_answer」という名前の関数で作成します。ここでは、音楽の再生中でない場合にのみ、スロットから認識した挨拶の種類を取得して、それに対して返答をランダムに選択するようにしました。

この章で作成するスマートスピーカーでは、本格的な対話機能は持たないので、単に挨拶を返して、一言添えるだけの返答となります。

SOURCE CODE ‖ chapt08-2.pyのコード

```python
# 挨拶コマンド
def play_answer(slot):
    # 音楽の再生中でなければ
    if len(os.listdir(outdir)) == 0:
        # スロットから認識した挨拶の種類を取得
        msg = slot[9]
        # msgは「こんにちは」「こんばんは」「おはよう」
        if msg == 'おはよう':
            msg = msg + 'ございます'
        # 返答をランダムに選択
        answer = ['わたしはげんきです',
                  'よいおてんきですね',
                  'よろしくおねがいします']
        # 合成音声で返答を再生
        talk_japanease_text(msg + ' ' + \
            random.choice(answer))
```

◆ スロットを定義する

スロットの機能をすべて実装したら、コマンド文章を解析するスロットそのものを実装します。

まず、264ページの表にある単語をリストとして定義します。それには次のように、単語の種類ごとにインデックスを作成して、それに含まれる単語のリストを、「slot_drum」という名前のディクショナリに作成します。

SOURCE CODE ‖ chapt08-2.pyのコード

```python
# 認識する単語からスロットの列を作成
slot_drum = {
    0:['ハーモニー'], # 呼びかけ
    1:['お願い','これから'], # 接頭詞
    2:['音楽','曲'], # 音楽
    3:['再生','演奏','かけて','流して'], # 再生
    4:['ミュージック'], # ミュージック
    5:['スタート','プレイ'], # スタート
    6:['作曲'], # 作曲
    7:['ちょうだい','くれる'], # 接尾詞
    8:['止めて','停止','ストップ'], # 停止
    9:['こんにちは','こんばんは','おはよう'], # 挨拶
}
```

次に、263ページの表にあるスロットを、「slot_hits」というリストに定義します。リストの内容は必要となるスロットの列と対応するコマンドを実装した関数からなるディクショナリで、次のようになります。

SOURCE CODE | chapt08-2.pyのコード

```python
# スロットからヒットするコマンドを定義
slot_hits = [
    {'slot':[0,2,3],'cmd':play_music},
    {'slot':[0,4,5],'cmd':play_music},
    {'slot':[0,6],'cmd':play_music},
    {'slot':[0,8],'cmd':stop_music},
    {'slot':[0,9],'cmd':play_answer},
]
```

◆ スロットを検索する

そして、Juliusが認識したコマンド文章から、スロットを検索してコマンドを実行するコードを作成します。ここでは次のように、「find_slot」という名前の関数を作成しました。

この関数の中では、スロットの列を作成し、コマンド文章に含まれる単語から、対応する列を埋めていきます。そして、対応するコマンドを実行可能なスロットの行があれば、現在のスロットの状態を引数にして、そのコマンドを実行します。

SOURCE CODE | chapt08-2.pyのコード

```python
# 音声認識の結果からスロットを検索する
def find_slot(sent):
    print(sent)
    slot = ['']*len(slot_drum)
    # 音声認識の結果を単語に分割してループ
    for word in sent.split():
        # 単語をスロットの列から探す
        for index,drum in slot_drum.items():
            # 見つかった単語をスロットにセット
            if word in drum:
                slot[index] = word
    # スロットにヒットするコマンドを探す
    for sl in slot_hits:
        # 登録されている列全てに単語があるか
        hit_flag = True
        for index in sl['slot']:
            hit_flag &= (slot[index] != '')
        # すべてに単語がある
        if hit_flag:
            # 登録されているコマンドの関数を呼び出す
            sl['cmd'](slot)
            break
```

◆Juliusから文章を受け取る

後は、Juliusによる音声認識を起動して、その結果を取得するだけとなります。それには次のように、「subprocess.Popen」関数を使用してJuliusを起動し、その標準出力をパイプとして受け取ります。

SOURCE CODE | **chapt08-2.pyのコード**

```
# 音声認識を行う
julius_command = ['julius',
                  '-C', 'grammar-kit/hmm_ptm.jconf',
                  '-input', 'mic',
                  '-gram', 'chapt08,fruit',
                  '-demo', '-nostrip']
julius_pipe = subprocess.Popen(julius_command,
                    stdout=subprocess.PIPE,
                    encoding='utf-8')
```

受け取ったパイプは、「julius_pipe.stdout」からファイルと同じようにデータを読み込むことができるので、「readline」関数で1行ずつJuliusの出力を読み込みます。

そして、出力の行が「sentence1:」で始まっている場合、正規表現を使って<s>〜</s>で囲まれた部分を取得し、その内容でスロットを実行します。

SOURCE CODE | **chapt08-2.pyのコード**

```
command_tag = re.compile(r'<s>(.*)</s>')
# 認識した音声コマンドを取得
while True:
    ln = julius_pipe.stdout.readline()
    # Juliusが認識した文章を取得
    if ln.startswith('sentence1:'):
        # <s>~</s>で囲まれた部分を取得
        r = re.search(command_tag, ln)
        if r is not None:
            # スロットを検索して実行
            find_slot(r.group(1).strip())
```

● 最終的なソースコード

以上の内容をつなげると、最終的な「chapt08-2.py」のコードは、次のようになります。

SOURCE CODE ‖ chapt08-2.pyのコード

```python
import os
import re
import random
from multiprocessing import Process
import subprocess
import pypianoroll

indir = 'pianorolls/fake_x_hard_thresholding/'
outdir = 'midi_files/'

### 合成音声プロセス ###
# 読み上げるテキストを書き込む
def talk_japanease_text(jtext):
    with open("/tmp/speech.txt","w") as wf:
        wf.write(" ".join(jtext.split("\n")))


# 別プロセスでテキストを監視して、書き込まれたら再生する
def watch_text_process():
    while True:
        if os.path.isfile("/tmp/speech.txt"):
            subprocess.run('cat /tmp/speech.txt | open_jtalk -x '\
            '/var/lib/mecab/dic/open-jtalk/naist-jdic  -m '\
            '/usr/share/hts-voice/nitech-jp-atr503-'\
            'm001/nitech_jp_atr503_m001.htsvoice '\
            '-ow /tmp/speech.wav; aplay /tmp/speech.wav', shell=True)
            os.remove("/tmp/speech.txt")
# 別プロセスを起動
Process(target=watch_text_process).start()

### 音楽生成プロセス ###
# 別プロセスで音楽生成用のプログラムを実行する
def create_music_process():
    while True:
        subprocess.run('python3 musegan/src/inference.py '\
        '--checkpoint_dir musegan/exp/default/model/ '\
        '--params musegan/exp/default/params.yaml '\
        '--config musegan/exp/default/config.yaml '\
        '--result_dir ./ --gpu 0 --rows 1 --columns 1 --runs 10',
        shell=True)
# 別プロセスを起動
Process(target=create_music_process).start()
```

```python
### 音楽再生プロセス ###
# 作曲された音楽データをMIDIファイルにする関数
def update_misic():
    for fn in os.listdir(indir):
        m = pypianoroll.load(indir+fn)
        pm = m.to_pretty_midi(constant_tempo=100)
        pm.write(outdir+fn.replace('.npz','.mid'))
# 別プロセスでMIDIファイルを監視して、存在していれば再生する
def watch_music_process():
    # 停止されない限り再生し続ける
    while True:
        # 再生するファイルがあるか
        l = os.listdir(outdir)
        if len(l) > 0:
            # すべてを再生する
            for fn in l:
                if os.path.isfile(outdir+fn):
                    subprocess.run('timidity '+outdir+fn,
                    shell=True)
                else:
                    break
            # 一周再生した後、新しく作曲されているかもしれない
            l = os.listdir(outdir)
            if len(l) > 0: # まだ再生中ならば
                # 新しく作曲されたかもしれない音楽で更新
                update_misic()
# 別プロセスを起動
Process(target=watch_music_process).start()


### メインループプロセス ###
# 音楽の再生コマンド
def play_music(slot):
    # 生成された音楽データが無い場合
    if (not os.path.isdir(indir)) or len(os.listdir(indir)) == 0:
        # エラーメッセージを再生して終了
        talk_japanease_text('じゅんびができていません おまちください')
        return
    # 対象ディレクトリにファイルを書き込むことで再生する
    if not os.path.isdir(outdir):
        os.mkdir(outdir)
    # 作曲された音楽データをMIDIファイルに書き込む
    update_misic()


# 音楽の停止コマンド
def stop_music(slot):
    # 合成音声で返答を再生
    talk_japanease_text('はい おんがくをとめます')
```

```
    # 対象ディレクトリのファイルを削除することで停止する
    if os.path.isdir(outdir):
        for fn in os.listdir(outdir):
            os.remove(outdir+fn)


# 挨拶コマンド
def play_answer(slot):
    # 音楽の再生中でなければ
    if len(os.listdir(outdir)) == 0:
        # スロットから認識した挨拶の種類を取得
        msg = slot[9]
        # msgは「こんにちは」「こんばんは」「おはよう」
        if msg == 'おはよう':
            msg = msg + 'ございます'
        # 返答をランダムに選択
        answer = ['わたしはげんきです',
                  'よいおてんきですね',
                  'よろしくおねがいします']
        # 合成音声で返答を再生
        talk_japanease_text(msg + ' ' + \
            random.choice(answer))


# 認識する単語からスロットの列を作成
slot_drum = {
    0:['ハーモニー'], # 呼びかけ
    1:['お願い','これから'], # 接頭詞
    2:['音楽','曲'], # 音楽
    3:['再生','演奏','かけて','流して'], # 再生
    4:['ミュージック'], # ミュージック
    5:['スタート','プレイ'], # スタート
    6:['作曲'], # 作曲
    7:['ちょうだい','くれる'], # 接尾詞
    8:['止めて','停止','ストップ'], # 停止
    9:['こんにちは','こんばんは','おはよう'], # 挨拶
}
# スロットからヒットするコマンドを定義
slot_hits = [
    {'slot':[0,2,3],'cmd':play_music},
    {'slot':[0,4,5],'cmd':play_music},
    {'slot':[0,6],'cmd':play_music},
    {'slot':[0,8],'cmd':stop_music},
    {'slot':[0,9],'cmd':play_answer},
]
# 音声認識の結果からスロットを検索する
def find_slot(sent):
    print(sent)
    slot = ['']*len(slot_drum)
```

CHAPTER
08
自分で作曲してくれるスマートスピーカー

```
    # 音声認識の結果を単語に分割してループ                                    ▼
for word in sent.split():
    # 単語をスロットの列から探す
    for index,drum in slot_drum.items():
        # 見つかった単語をスロットにセット
        if word in drum:
            slot[index] = word
    # スロットにヒットするコマンドを探す
    for sl in slot_hits:
        # 登録されている列全てに単語があるか
        hit_flag = True
        for index in sl['slot']:
            hit_flag &= (slot[index] != '')
        # 全てに単語がある
        if hit_flag:
            # 登録されているコマンドの関数を呼び出す
            sl['cmd'](slot)
            break


# 音声認識を行う
julius_command = ['julius',
                  '-C', 'grammar-kit/hmm_ptm.jconf',
                  '-input', 'mic',
                  '-gram', 'chapt08,fruit',
                  '-demo', '-nostrip']
julius_pipe = subprocess.Popen(julius_command,
                    stdout=subprocess.PIPE,
                    encoding='utf-8')


command_tag = re.compile(r'<s>(.*)</s>')
# 認識した音声コマンドを取得
while True:
    ln = julius_pipe.stdout.readline()
    # Juliusが認識した文章を取得
    if ln.startswith('sentence1:'):
        # <s>~</s>で囲まれた部分を取得
        r = re.search(command_tag, ln)
        if r is not None:
            # スロットを検索して実行
            find_slot(r.group(1).strip())
```

このコードを、Jetson Nanoが起動したときに起動するように、CHAPTER 01の48ページに従って設定しておくと、スマートスピーカーは完成します。

起動後しばらくしてから、「ハーモニー、音楽をかけてちょうだい」などと、スマートスピーカーに話しかけると、MUSE-GANが生成した音楽を再生してくれます。

INDEX

■著者紹介

坂本 俊之
（さかもと としゆき）

機械学習エンジニア・兼・AIコンサルタント
現在はAIを使用した業務改善コンサルティングや、AIシステムの設計・実装支援などを行う。

E-Mail:tanrei@nama.ne.jp

編集担当 ： 吉成明久 / カバーデザイン ： 秋田勘助(オフィス・エドモント)
イラスト ： ©sentavio - stock.foto

●**特典がいっぱいのWeb読者アンケートのお知らせ**

　C&R研究所ではWeb読者アンケートを実施しています。アンケートにお答えいただいた方の中から、抽選でステキなプレゼントが当たります。詳しくは次のURLのトップページ左下のWeb読者アンケート専用バナーをクリックし、アンケートページをご覧ください。

C&R研究所のホームページ **http://www.c-r.com/**

携帯電話からのご応募は、右のQRコードをご利用ください。

Jetson NanoではじめるエッジAI入門

2020年10月1日　　初版発行

著　者	坂本俊之
発行者	池田武人
発行所	株式会社 シーアンドアール研究所
	新潟県新潟市北区西名目所4083-6(〒950-3122)
	電話　025-259-4293　FAX　025-258-2801
印刷所	株式会社 ルナテック

ISBN978-4-86354-316-4　C3055